Band 3 der Reihe:
industrial design – graphic design
Herausgegeben von Hans Wichmann

Hans Wichmann

System-Design Bahnbrecher: Hans Gugelot 1920–65

Mit Beiträgen von:
Otl Aicher
Rudolf Baresel-Bofinger
Fritz Eichler
Henning Huffer
Herbert Lindinger

Birkhäuser Verlag Basel · Boston

Der vorliegende Band entstand in Zusammenarbeit mit der Neuen Sammlung, Staatliches Museum für angewandte Kunst, München, auf Grundlage der Ausstellung 3 der Serie »Blickpunkte«.

2., erweiterte Auflage 1987

CIP-Kurztitelaufnahme der Deutschen Bibliothek

System-Design, Bahnbrecher: Hans Gugelot 1920–[neunzehnhundertzwanzig bis] 1965 [auf Grundlage d. Ausstellung, April 1984–Juni 1984]: Hans Wichmann. Mit Beitr. von: Otl Aicher ... [In Zusammenarbeit mit d. Neuen Sammlung, Staatl. Museum für angewandte Kunst, München]. – 2., erw. Aufl. – Basel; Boston: Birkhäuser, 1987.
(Industrial design – graphic design; Bd. 3)
ISBN 3-7643-1911-9.
NE: Wichmann, Hans; Gugelot, Hans [Ill.]; Aicher, Otl [Mitverf.]; GT

Birkhäuser Verlag Basel · Boston
ISBN 3-7643-1911-9

Typographie und Einband:
Mendell & Oberer, Graphic Design München
Layout: Hans Wichmann
Aufnahmen: Foto Siol, Sophie-Renate Gnamm, über gugelot ulm gmbh und durch Herstellerfirmen.
Satz: Gloor Satz Repro, München
Repros: Repro Kölbl, München (schwarz/weiß)
repro-center, München (Farbe)
Druck: Konkordia Druck GmbH, Bühl/Baden
Bindearbeiten: Großbuchbinderei Josef Spinner GmbH, Ottersweier

Inhalt

Vorwort

Die in den Industrienationen heute übliche Ereignisdichte – an jeden durch ein Arsenal von Informationsmitteln herangetragen – paart sich mit rascher Löschung der Eindrücke. Sie haften nur kurz, werden rasch durch Neues verdrängt. Die Zeit erscheint dadurch schnellebig. Historischer Hintergrund, Auslöser und Bewirker werden verwischt, verschwinden ins Unbekannte. Das gilt auch für das Wissen um die Abkünfte der uns begleitenden Dinge, die sich seit dem Ende des Zweiten Weltkrieges ungewöhnlich stark in Art und Form verändert haben, weit stärker als in vorangegangenen Jahrhunderten. Diese Wandlung ist des Erstaunens wert; ergab sie sich doch nicht zufällig, sondern wurde gewollt, gesetzt und durch Einzelne verwirklicht.

Einer dieser bahnbrechenden Veränderer unserer Dingwelt im eigentlich vorwärts gewandten Sinne des 20. Jahrhunderts ist Hans Gugelot, der – weil er früh starb – besonders rasch vergessen wurde. Dabei war er weltweit betrachtet einer der Pioniere des System-Design. Er verlieh dadurch dem für unser Säkulum so typischen System-Denken Form und Gestalt.

Diese Publikation – eine erste Skizze, der sicher weitere Untersuchungen folgen werden – zielt auf dreierlei:
Erstens soll Hans Gugelot für die Öffentlichkeit – besonders für die nachwachsende Generation – wieder entdeckt werden. Gerade für diese sind viele Dinge, die damals durch Gugelot erarbeitet wurden, wie die Hamburger U-Bahn als Typus eines modernen Massenverkehrsmittels, die Units-Kombinationen im HiFi-Bereich, Element-Möbelsysteme oder die Farbgebung Schwarz/Silber bei technischen Geräten des persönlichen Gebrauchs, unreflektierte Selbstverständlichkeit geworden.
Zweitens will das Buch einen Beitrag zur historischen Aufbereitung der mehr und mehr Beachtung findenden 50er Jahre leisten, einen Beitrag, der auf damals innovierende Kräfte erneut hinweist und dazu beitragen möchte, Primäres von Nachfolgendem zu sondern.
Und zum dritten gilt es vor allem, auf ein bisher kaum beachtetes, jedoch unser Jahrhundert als eigenständiges Säkulum in starkem Maße konstituierendes Phänomen hinzuweisen, auf die sich mehr und mehr ausprägende System-Welt.

Mein Dank gilt in erster Linie den Mitautoren dieser Veröffentlichung, die entgegenkommend ihre jeweiligen Beiträge verfassten und damit ein facettenreiches Bild von Hans Gugelot und seinem Arbeitsfeld schufen. Daneben gebührt außerordentlicher Dank Artur und Erwin Braun, deren Förderung die Durchführung des Unternehmens ermöglichte.

Hans Wichmann

I. Über Hans Gugelot

Daten zum Leben Hans Gugelots

1920 Am 1. April 1920 wird Johan, genannt Hans, Gugelot in Makassar auf Celebes (Indonesien) als holländischer Staatsbürger geboren. Sein Vater, Pieter Cornelis Gugelot, war Arzt. Die Grundschule absolvierte er in Laren und Hilversum (Holland).

1934 Übersiedlung der Familie nach Davos. Dort übernahm der Vater die Position eines Chefarztes des Niederländischen Sanatoriums. Hans Gugelot besucht die Oberrealschule, die er 1940 mit dem Maturum abschließt.

1940 Studienbeginn in Lausanne (Ingenieurschule), Fortsetzung an der ETH Zürich, Abtl. I für Architektur. Diplomprüfung Wintersemester 1945/46.

1946 Reisen, längere Aufenthalte in Italien und verschiedene Engagements in Jazzorchestern (Gitarrist). Verheiratung 1947. Bis 1948 in mehreren Architekturbüros tätig.

1948 Zwischen 1948 und 1950 Mitarbeiter von Max Bill und erste Entwürfe für Möbel u. a. für Horgen/Glarus, besonders gefördert durch Rudolf Graber (»Wohnbedarf«, Zürich).

1950 Eigenes Büro und Anfänge der Entwicklung des Möbelprogramms »M 125«, des ersten Möbel-Element-Systems. Daneben freier Mitarbeiter im Züricher Wohnungsbau.

1954 Berufung an die im Bau befindliche Hochschule für Gestaltung (HfG), Ulm, durch Max Bill, mit dem anfänglichen Auftrag, gemeinsam mit den Studenten den Ausbau des Gebäudes durchzuführen. Erste Kontakte mit Erwin Braun.

1955 Design-Lehrer und späterer Leiter der »Entwicklu gsgruppe II« der HfG. Formale Entwicklung der ersten neuartigen Braun-Geräte. Damit sensationeller Erfolg während der Deutschen Rundfunk-, Phono- und Fernseh-Ausstellung in Düsseldorf.
Zwischen 1955 und 1958 beispielsetzende Gestaltung von Radio-, Phono-, Fernseh- und Speichergeräten im Systemverbund (für Braun), die für die gesamte Branche weltweit bis ins letzte Viertel unseres Jahrhunderts richtungweisend sein sollte.

1956 Möbel-System »M 125« konstruktiv verbessert und durch Wilhelm Bofinger in Großproduktion hergestellt. Umfangreicher Bericht in »Stile industria«, besonders über die Arbeit Hans Gugelots an der HfG. Studienreisen in den USA und in Italien.

1957 Braun erhält für die gesamte ausgestellte Produktion, deren Gestalt und Präsentation auf Hans Gugelot und Otl Aicher zurückgeht, den Grand Prix der XI. Triennale, Mailand.

1958 Die pädagogisch notwendige Trennung von Lehre und Entwicklung führt zur Gründung einer eigenständigen Entwicklungsgruppe.

1959 Beginn der Arbeiten an der Hamburger U-Bahn (Abschluß 1962). Daneben zahlreiche Entwicklungen u. a. für Pfaff, Gritzner-Kayser, Bofinger, Sonor. Erweiterung der Entwicklungsgruppe durch technische Mitarbeiter.

1960 Monographische Ausstellung im Museum, Ulm. Gründung einer eigenständigen Konstruktionsabteilung. Referat während des World Design Congress in Tokio.

1961 Beratung beim Aufbau eines Design-Instituts in Ahmedabad/Indien. Vorsitzender des Rektorats-Kollegiums der HfG (bis 1962).

1962 Vortrag in der Slade School of Fine Arts in London. Schaffung des Silber/Schwarz-Erscheinungsbildes für Braun, erstmals dokumentiert am Rasierer »sixtant«. Diese Farbgebung machte international Schule. Entwicklungen u. a. für Agfa, Braun, Lumoprint. Gründung

des »instituts für produktions-
entwicklung und design e.v.« in
Neu-Ulm.

1963 Wanderausstellung der HfG, Ulm. Vortrag am »grafiska institutet« in Stockholm. Konzeptionen u.a. für Kodak, Girard, Weishaupt.

1964 Beginn der Entwicklung des ersten Sportwagens der Welt mit selbsttragender Bodengruppe aus Kunststoff und für Interelectric von miniaturisierten Element-Systemen. Daneben Konzeptionen für Bofinger, Kill, Design Institute (Paldi, Indien).

1965 Gastdozent am Design-Institut in Ahmedabad/Indien. Umzug seines »instituts für produktionsentwicklung und design e.v.« in ein eigenständiges Gebäude in Ulm (13 Mitarbeiter). Am 10. 9. 1965 stirbt Hans Gugelot in Ulm.

In nur etwa 10 Jahren hat er ein bahnbrechendes Werk geschaffen, dem System-Design das Tor geöffnet und damit der 2. Hälfte unseres Jahrhunderts Ausdruck verliehen.

Hans Wichmann

System-Design: Hans Gugelot

I.

Das Denken in Systemen ist Wesen menschlicher Natur; denn immer hat es Versuche gegeben, die verwirrende Vielfalt der Welt zu ordnen, in einen sich bedingenden Zusammenhang zu überführen. Wir kennen den Weg dieser Systeme, etwa über Aristoteles zu Ptolemäus, hin zu den theologischen »Summen« des Mittelalters, oder die bahnbrechenden kopernikanischen Systemketten und ihre Ergänzung durch Kepler – alle noch unspezialisiert, ganzheitlich. Erst mit dem Anbruch des Zeitalters von Technik und Industrie in der zweiten Hälfte des 18. Jahrhunderts und der angesammelten Fülle bewußt gemachten Stoffes beginnen diese Systeme disziplinären Charakter zu erhalten und enzyklopädischer, additiver Ordnung zu weichen. Sie werden autonom, praktikabel.
An der Schwelle dieser großen weltgeschichtlichen Phase, die nach wie vor unser Leben beherrscht, stehen Linné und die französischen Enzyklopädisten – beide Sparten belegend. Auf dieser wissenschaftlich ausgerichteten Systematik, mit dem Ziel der Rückführung von Einzelerkenntnissen auf allgemeine, das Teilganze bedingende Axiome, basiert in wesentlichen Bereichen die naturwissenschaftlich-technische Entwicklung der Epoche, wobei der versuchten Synthese immer die Analyse vorgeordnet war und ist, mit den sich heute abzeichnenden ökologischen Konsequenzen. Ihr Blick aufs Ganze setzt einerseits der Zerlegung der Welt in Teilkomponenten Schranken, ermöglicht aber andererseits die Erfassung der unfaßlichen Vielfalt durch Systematisierung, die zugleich mit Vereinfachung einhergeht. Diese Vereinfachung durch Erkennen der Kausalketten und durch Ordnung von Verwandtem ermöglicht aber zugleich auch Analyse unter jeweils neuen Aspekten, reduziert jedoch den wunderbaren Reichtum der Welt.
Eine Epoche, die vorwiegend von analytischem Denken und Handeln bestimmt ist wie die unsrige, hat infolgedessen auch ein breites Feld an synthetisch-systematischem Denken und entsprechenden Systemmodellen und -entwicklungen Tür und Tor geöffnet. In allen Denk- und Arbeitsbereichen ist seit dem

19. Jahrhundert wachsend das Agieren mit Systemvorstellungen zu beobachten, das um die Jahrhundertwende zuerst rein theoretisch anschwillt, um dann vor allem in der zweiten Hälfte unseres Jahrhunderts das tägliche Leben, die Praxis, mehr und mehr zu durchdringen. Systemforschung, Systemanalyse, Systemtheorie, in deren Geflecht die Kybernetik eine neuartige, wichtige Rolle spielt, belegen diesen Vorgang. System-Denken und System-Entwicklungen sind für unsere Epoche von Industrie und Technik ein unentbehrliches Instrumentarium, das seit den ausgehenden zwanziger Jahren des 20. Jahrhunderts Grundfunktionen der Daseinsvorsorge steuert. Im Zuge der sozialen und wirtschaftlichen Emanzipation der Massen übernimmt damit erstmals in der Menschheitsgeschichte das System in unterschiedlichsten Funktionen Aufgaben, deren Bewältigung in vorangegangenen Gesellschaftsformen nur durch die Kette der Traditionsüberlieferung und ihres Vollzuges möglich war. Systeme sind infolgedessen die Gleitschienen, die global und international Massenkommunikation durchführbar machen. Sie sind in den Industrienationen die Voraussetzung heutigen freien, mobilen Lebens, ermöglichen die Teilhabe aller an allem.

Wenn für den Wissenschafts- und Erkenntnisbereich der Philosoph Heinrich Rickert feststellt: »Nur im System kommen wir vom theoretischen Chaos zum theoretischen Kosmos«, so ist die praktische Systemanwendung von verwandter Einsicht noch weit entfernt; denn die moderne Industrie- und Massengesellschaft würde zwar ohne die Bereitstellung unzähliger konkreter Systeme in Chaos versinken, jedoch entsteht dadurch »Kosmos« in keinster Weise, einfach deshalb nicht, weil reale Systeme noch heute im Sinne der Enzyklopädisten rein additiv ohne Prioritäten eingesetzt werden und damit keiner integralen Gesetzmäßgikeit unterliegen. Sie dienen bisher fast ausschließlich ökonomischer Nützlichkeit und werden umso höher geschätzt, je kurzfristiger sie materielle Vorteile versprechen. Die durch sie für die physische Entlastung des Menschen erwirkte Leistung verkehrt sich infolgedessen in Herausbildung eines mehr und mehr autonom werdenden Menschen. Der geschenkte, nie zuvor eingeräumte Freiheitsspielraum breiter Menschengruppen, von dem noch Marx die wahrhafte geistige Befreiung des Menschengeschlechts erträumte, verpufft somit in Selbstzweck unter Ausschlachtung des Planeten.
Unabhängig davon bleibt aber das System erkenntnistheoretisch als die vertikale, das Leben ordnende Achse bestehen, und seine praktischen Konsequenzen zielen auf die Bildung auch eines realen »Kosmos«.

II.

Auf diesem Wege hat unser Säkulum sehr gewichtige einleitende Schritte vollzogen; denn die entscheidende Wandlung gegenüber vorangegangenen Jahrhunderten liegt nicht in der partiell neuartigen Objektwelt und auch nicht in der seriellen Produktionsform begründet, sondern in der Ablösung des ganzheitlichen, in sich beschlossenen Dinges durch in Systeme verbundene drei- oder zweidimensionale Objektgruppen. Sie sind lediglich Ausdruck neuartiger, ungemein chancenreicher Denkprozesse, die durchaus auch zur Verengung der menschlichen Begabung eingesetzt werden können. Jedenfalls ist der Prozeß bereits heute so weit fortgeschritten, daß nurmehr Systeme in der Lage sind, Massenverkehr, Massenkommunikation oder Massenkonsum zu ermöglichen und zu steuern.
Produktsysteme passen sich den unterschiedlichsten Forderungen an und formen sich variabel aus. Zwei Grundtypen sind vor allem anzutreffen. Einmal Systeme aus Elementarteilen, die durch Zusammenfügen ein Ganzes, eine Gestalt bilden. Je nach der Zahl der Elemente und ihrer differenzierbaren Zusammenfügbarkeit bieten Systeme dieser Art dem Benützer die Möglichkeit, Dingformen zu erzeugen, die den jeweiligen Vorstellungen und Anforderungen besonders entsprechen.
Wir finden Systeme aus Elementarteilen sowohl beim Spielzeug als auch im Möbel-, Ausstellungs- und Baubereich. Sie dienen der Einübung des Kindes in das Systemdenken in Form einfacher Holz- oder Steinbaukästen bis hin zu

komplexen elektronischen Konglomeraten und sind im individuellen Bereich, in der Wohnung, besonders als Schrank- und Regalsysteme ebenso angesiedelt wie in Baubereichen, in denen Flexibiliät oder rascher Ortswechsel erforderlich ist.

Der zweite Systemkreis besteht aus Einzelteilen (units), die bereits in sich eine Ganzheit bilden, jedoch durch Hinzufügen von weiteren Teilen zu einem leistungsfähigen System ausgebaut werden können. Diese zumeist stark technisierten komplexen Systeme, die durch die vom Systemdenken gespeiste Mikroelektronik in nur wenigen Jahren eine überraschend große Leistungssteigerung erfuhren, sind auf dem Feld der Phono- und Photoindustrie ebenso zu finden wie im Bereich der Informationsübermittlung oder innerhalb des wissenschaftlichen Instrumentariums.

Beide Systemgruppen sind kombinierbar. So kann einer bestimmten Einheit oder einer Kombination von mehreren eine Vielzahl von Zusatzteilen zugeordnet werden, oder aber das der bestimmenden Einheit bereits zugrunde liegende Baukastenprinzip erfährt eine Veränderung durch die Verbindung mit anderen Elementen. Auf diese Weise entstehen in sich geschlossene, vielfältige Aufgaben erfüllende Produktsysteme.
Eine Entsprechung finden diese in graphischen Systemen, den sogenannten visuellen Erscheinungsbildern oder corporate identities. Hier werden bestimmte graphische Elemente in Form von Zeichen, Farben, Schrifttypen in bestimmten Formaten und Anordnungen auf unterschiedlichen Trägern, so als Plakate, Broschüren, Bücher, Briefpapier, Fahnen, Aufkleber, stetig wiederholt und dem Betrachter eingeprägt. Die Grundlagen für diese Systeme bilden »Manuale«, in denen die Anwendung kodiert niedergelegt ist.
Für die Beurteilung des Gestaltcharakters eines Systems, damit seiner formalen Qualität und Soziabilität, ergeben sich zwangsläufig gegenüber dem bisher dominierenden in sich geschlossenen Produkt gewandelte Beurteilungskriterien. Da bereits Systeme mit nur einer geringen Anzahl von Elementarteilen eine hohe Anzahl von Anwendungsmöglichkeiten besitzen, ist die Charakteristik kaum mehr allein von einer Reihe von Kombinationsformen ableitbar, sondern muß vielmehr vor allem mit der Eigenart der Grundelemente und dem ihrer Kombination zugrunde liegenden Maßsystem begründet werden.

Diese Systemwelt reicht vom einfachen, maßgerecht aufeinander bezogenen Hotelgeschirr bis hin zur komplexen Nachrichtenkette. Sie hat unser aller Leben durchsetzt, ist im Bereich der personellen Objektwelt, den Geräten und Möbeln in Haus und Wohnung, in gleicher Weise ausgeprägt wie im öffentlichen Bereich. Hier kann der Verkehr – besonders als Luft- und Schienenverkehr –, der Transport – beispielsweise in seiner modernsten Containerform – nur mehr als Systemkonzeption abgewickelt werden. Das gleiche gilt für den Kraftfahrzeugbau, die Informationsübertragung, das Krankenhaus-, Ausstellungs- oder Bauwesen. Sie alle sind wie jedwede komplexe, aus unserem Jahrhundert herausgewachsene Produktion ohne Systematisierung, also ohne unterlegte Systeme, nicht mehr sinnvoll realisierbar. Sie sind die großen Bänder, welche die moderne Massengesellschaft zusammenhalten und ermöglichen. Oft ist das Gerät nur mehr ein kleiner, sichtbarer Teil von sich sonst dem Sensorium entziehenden Vorgängen eines Systems.

III.

Stellt man nun Hans Gugelot in dieses Bezugsfeld, so ergeben sich eine Reihe von Fragestellungen. Gugelot schloß 1945, als Fünfundzwanzigjähriger, sein Studium ab. Erst von da ab konnte er im Geflecht agieren und damit eine Spur ziehen. Wie war in dieser historischen Situation die allgemeine Lage? Konnte man damals in der Schweiz, in der Gugelot lebte, ein Design-Studium absolvieren und im Rahmen dieser Ausbildung vielleicht gar mit System-Design vertraut gemacht werden? Lassen wir ihn selbst darüber berichten: ... »ich hatte genau so wie alle, die in der schweiz im kriege studiert haben, nicht die gelegenheit, speziell ›design‹ zu studieren. eine solche schule gibt es in der schweiz nicht. ich fühlte mich anfänglich vor allem zum flugzeugbau und zum fliegen hingezogen, und ich habe deshalb auch den versuch gemacht, in lausanne ein entsprechendes studium zu absolvieren. aber schon sehr bald mußte ich diesen versuch wegen der sprachlichen schwierigkeiten aufgeben. ich habe in den darauffolgenden jahren in zürich an der technischen hochschule studiert und im jahre 1945 das architekten-diplom dieser schule, das mit dem bauingenieur-diplom anderer europäischer länder identisch ist, bekommen. die idee, entwürfe für die industrie zu machen, ist mir eigentlich erst viel später gekommen, weil es in der schweiz damals wirklich kaum beispiele für diesen beruf gab. vielleicht interessiert es sie, wenn ich in wenigen worten erkläre, wie ich mich dann schlußendlich entschieden habe, in dieser richtung weiter zu gehen. in den ersten drei jahren nach meinem diplom habe ich in verschiedenen architektur-büros gearbeitet. in der zeit habe ich mich sehr dafür interessiert, ob es nicht möglich wäre, in der schweiz mit vorgefertigten elementen zu bauen. wenn sie die damalige situation in der schweiz kennen, werden sie sich vorstellen können, auf welche großen schwierigkeiten ich gestoßen bin. – in der gleichen zeit habe ich mich auch sehr für möbel interessiert, und einige entwürfe aus dieser zeit sind in serie gegangen ... meine ideen für vorgefertigte bauteile mußte ich bald für lange zeit begraben; aber ich sah die möglichkeit, wenn nicht außenelemente zu machen, doch zumindest für die unterteilung großer räume vorgefertigte schrankwände zu entwerfen ...« (Vortrag »Der Designer in der heutigen Gesellschaft.« Stockholm 1963).

Daraus entwickelte sich Gugelots erstes Design-System: das Schrankwandprogramm »M 125«, an dessen Verwirklichung er seit 1949 arbeitete.

Aus dem Bericht Hans Gugelots erfahren wir, daß Mitteleuropa unmittelbar nach dem furchtbaren Krieg wenig an Design – von System-Design gänzlich zu schweigen – zu bieten hatte. Die wissenschaftliche Theorie war jedoch in mehreren Schüben vorangetrieben worden.

Eine erste Welle, die sich bis zum Ersten Weltkrieg erstreckte, hatte sich für die allgemeine Fragestellung (u. a. Otto Ritschl), für die Ästhetik (u. a. Johannes Volkelt) und Musik (u. a. Hugo Riemann) besonders fruchtbar ausgewirkt. In den zwanziger Jahren wurde diese Problematik für die Soziologe (u. a. Franz Oppenheimer), Philosophie (u. a. Heinrich Rickert) und Theologie (u. a. G. Wobbermin) besonders akut. Eine dritte Welle erfolgte erst im dritten Viertel des 20. Jahrhunderts, die nun die meisten Wissensdisziplinen ergriff. Den Auftakt bildete das 1948 erschienene Werk Robert Wieners, 1972 veröffentlichten D. S. Korreimann und J. W. Forrester ihre »Systemanalyse« bzw. »Grundsätze einer Systemtheorie«.

Wenig später nach der Veröffentlichung von »Cybernetics« (Wiener) begann Hans Gugelot an seinem ersten Element-System zu arbeiten, im gleichen Jahr, in dem G. Hassenpflugs Buch »Baukastenmöbel« (1949) erschien. Hassenpflug veröffentlichte Kastenmöbel und Tische, die er und Mitarbeiter zwischen 1947/49 – basierend auf einem Modul-System – entworfen hatten. Es waren Einheiten, die an Entwicklungen des Bauhauses (Breuer 1924) anknüpften und die auch von Bruno Paul (Vereinigte Werkstätten) bzw. Josef Hillerbrand (Deutsche Werkstätten 1931) in ähnlicher Art konzipiert worden waren.

Hans Gugelot dürfte das Buch kaum gekannt haben; denn Hassenpflug wendet sich gegen eine Grundmaßeinheit von 125 mm, die jedoch für das Möbelsystem »M 125« verbindlich ist.

Generell konzentrierte sich das praktische Gestalten und die Realisierung von Gebrauchsdingen bis zum Ende des Zweiten Weltkrieges dominant auf in sich geschlossene Einheiten. Nur vereinzelt – fast zufällig – tauchen hier und da systemartige Kombinationen von »units« auf, so etwa bei Wagenfelds Glasbehälter »Kubus«, 1938, bei Geschirr (u. a. Cunnard line, um 1930), Reiseutensilien (u. a. Ch. Dresser 1887) oder bei Gebrauchsdingen aus Bakelit (z. B. Rasierkombination um 1935). Element-Systeme sind darüber hinaus äußerst selten anzutreffen. Sie fanden bei Thonet-Stühlen – zweifellos Neuland erschließend – bereits im 19. Jahrhundert Verwendung und im Bauhaus eine erneute Verlebendigung (Josef Albers, 1928). Kleinere zerlegbare, in einem Karton verpackte

Kastenmöbel wurden erstmals in größerer Stückzahl nach dem Entwurf Arno Lambrechts (1952) durch den WK-Verband auf den Markt gebracht. Zu diesem Zeitpunkt hatte Hans Gugelot das erste Raumtrenn- und Schrank-Element-System weitgehend konzipiert, ein Programm, das technisch verbessert bis heute produziert wird.
Der Gedanke dazu erwuchs aus dem Systembau, der schon im 19. Jahrhundert (z. B. Glaspalast London 1851) praktiziert worden war und der im Bauhaus durch Gropius, Muche und Breuer, ebenso in Frankfurt durch May oder durch Systemhäuser der Deutschen Werkstätten, weitergetragen worden war. Für den Möbelbau, für die Verwandlung des Wandschranks zur Schrankwand, war das Element-Möbel-System Gugelots von hoher Bedeutung.
Fast sämtliche seit 1954, dem Jahr seines Einzugs in die Hochschule für Gestaltung in Ulm, durchgeführten Entwicklungen wurden von einem Systemdenken bestimmt, das er als Dozent an Schüler und Mitarbeiter übermitteln konnte und in dem er durch die gleichgerichteten Arbeiten Otl Aichers in der HfG bestärkt wurde.
1956 formuliert er seine Vorstellungen und Bemühungen unter dem Titel: »Vom Element zur Kombination« wie folgt: »Die Entwicklungstendenz der Industrialisierung unserers Jahrhunderts bringt mit sich, daß bei der Herstellung von Gebrauchsgegenständen des täglichen Lebens das Handwerk in seiner alten Form immer mehr verschwindet. Die Automation setzt sich durch und bedingt größere Stückzahlen einzelner Serien. Die Betriebe, welche diese Entwicklung nicht mitmachen wollen oder können, werden sich auf die Herstellung von Spezialgegenständen und Luxusartikeln beschränken, die nicht in der günstigsten Preisklasse liegen müssen, wie z. B. Schmuck, Spezialinstrumente oder vielleicht auch einige Möbelarten. Im übrigen wird das Handwerk durch das Serienerzeugnis verdrängt. Die Versuche, mit unechten Stilbestrebungen sich noch an den Formen des Handwerks festzuklammern, werden scheitern, weil neue Entwürfe die unter Berücksichtigung rationeller Herstellungsmethoden entstehen, unvergleichlich mehr Vorteile aufzuweisen haben. Je größer eine Serie ist, desto eher lohnt es sich, das Projekt richtig durchzugestalten – eine Anstrengung, die oft jahrelange intensive Studien erfordert – und es mit größter Sorgfalt für das ›Band‹ vorzubereiten.
Ein Ausgangspunkt bei der industriellen Fabrikation ist eine gewisse Normierung der Bestandteile und natürlich ein Verzicht auf unnötiges Beiwerk. Es erscheint mir wesentlich, daß man bei der Normierung und Vorfabrikation von dem allerkleinsten Element ausgeht, um von der kleinsten Einheit zu einer größeren und einer noch größeren zu gelangen, wobei die Vielzahl der Kombinationsmöglichkeiten ebenso wie die Individualität des Resultats progressiv ansteigt. Nur von einem oberflächlichen Betrachter kann in diesem immer aktueller werdenden Thema eine Gefahr der Uniformierung unserer Umgebung, unserer Gebrauchsgegenstände, Häuser und Städte gesehen werden. Nehmen wir uns die Mühe, beispielsweise von drei verschiedenen Teilelementen ausgehend eine Komposition von sechs Elementen zusammenzustellen, so ergeben sich schon weit über 100 Resultate, deren Harmonie gewährleistet ist, die jedoch völlig voneinander verschieden sind. Auf dem Gebiet des Möbelbaus können aus wenigen gleichen vorfabrizierten Elementen einzelne Kästchen, Schränke, Büchergestelle und andere Ablegeflächen, aus diesen wiederum ganze Wandelemente kombiniert werden. Dasselbe System kann weitergeführt werden, indem aus den Wandelementen Räume entstehen, sofern auch die Tragekonstruktion dem Grundsystem entspricht. In Architektur, in Städteplanung finden wir dasselbe Grundprinzip, bei dem nicht Gleichförmigkeit, sondern Harmonie und zugleich größte Anpassung an individuelle Anforderungen das Resultat ist ...« (25 Jahre Wohnbedarf. Zürich 1956, 41–42).

IV.

Als Hans Gugelot dieses äußerte, verblieben ihm lediglich noch neun Jahre, um sein Werk, sein Leben zu erfüllen. Er war 1956 nicht mehr auf irgendeiner Suche, sondern vermochte sein Wollen und seine Grundsätze in unterschiedlichen

Aufgaben zu manifestieren. Wie der im gleichen Jahr erschienene umfangreiche Bericht der Zeitschrift »stile industria« belegt, hatte er zu diesem Zeitpunkt sein Arbeitsfeld klar abgesteckt.
Im Gegensatz zu den meisten zeitgenössischen Designern waren seine Arbeiten jedoch nicht nur gute Lösungen im unendlichen Feld des menschlichen Dingarsenals, sondern sie besaßen und besitzen exemplarischen Charakter. Jedoch nicht etwa nur darin, daß hier ein Exempel »Guter Form« statuiert worden wäre, sondern sie öffneten für das jeweilige Ding neuartige Entwicklungschancen, und zwar für unterschiedlichste Bereiche: für die Fertigung, die Leistung, die Benützung, die Integrationsfähigkeit in größere und umfangende Einheiten, und dies im Bereich der Objekt-Objekt-Beziehung ebenso wie in der zwischen Ding und Menschen.
Das war damals und ist auch heute noch ungewöhnlich, ist mehr als nur »Gute Form«, greift stärker in das Leben und seine Entwicklungsmöglichkeit ein.

Ein Schrank, der kein gleichbleibender Kasten ist, sondern sich durch die Elementbauweise zu verwandeln vermag, der nicht stetig in einem bestimmten So-Sein existiert, sondern in zahlreichen individuell abwandelbaren Varianten, der nicht nur an eine Wand gelehnt ist, sondern auch eine sein kann, der nicht nur im Wohnzimmer, sondern auch in Büro oder Laden seine Aufgabe erfüllt, der den jungen wie den alten Menschen zu dienen vermag, vermittelt – wenn er gestaltet ist – eine lebendigere Welt, eine struktural vielfältigere, beweglichere, variationsreichere als diejenige, die ein statischer Schrank zu erzielen vermag, selbst wenn er als Kunsthandwerk von Entwerfer- und Schreinerfleiß emporstilisiert wurde. Ein Element-Schrank-Programm, so wie es Gugelot entwarf, besitzt bei aller Hiesigkeit, Nützlichkeit und Dienlichkeit zugleich weniger Dingmanifestation, Wirklichkeitsschwere und Repräsentationsattitüde, sondern scheint in seiner Zurückhaltung geistreicher, vermittelt Raum, räumt uns, den Menschen, unbesetzten Raum ein. Die Systemstruktur lockert gleichsam den in sich geschlossenen Charakter des Dinges, eröffnet einen lebendigen Umgang mit ihm und zugleich eine neue Dimension: Potentielles. Das ist ein Schritt hin zum eigentlichen Wesen unseres Jahrhunderts, es partiell erschaffend und zugleich bestätigend, ein Schritt hin zum Novum.
1956 hatte Hans Gugelot auch mit Hilfe seiner aufgeschlossenen Freunde Erwin und Artur Braun bereits das so progressive und beispielsetzende Programm für Radio-, Phono- und Fernsehgeräte in wichtigen Partien verwirklicht. Auch dieses war in vielfachem Sinne nicht allein ein Beispiel für »Gute Form«, sondern eine geschichtliche Gelenkstelle, die nur im historischen Rückblick als solche erkannt werden kann. Denn da trafen ungewöhnliche und glückliche Komponenten zur rechten Stunde zusammen: aufgeschlossene Unternehmer mit hohem Wagemut und Entwerfer wie Hans Gugelot und Otl Aicher, die nicht nur einem Ding ein gerade aktuelles Gewand anmessen, sondern einem Bereich von Dingwelt unseres 20. Jahrhunderts aus häßlicher, antiquierter Verkerkerung zu angemessener Wahrhaftigkeit verhelfen wollten. In gleicher Weise wie bei dem Möbelprogramm »M 125« wurde dabei nicht in statischen Kategorien gedacht, sondern in sich ergänzenden Reihen, in einem Geflecht von Bezügen – integral. Dieses Aufspüren des Zusammenhanges des Dinges mit dem Raum und dem Menschen, das Empfinden für die Verflochtenheit der Dinge, hebt auch diese frühen Braun-Geräte von den üblichen, sich in sich selbst begnügenden Design-Entwicklungen ab. Es gelang, technische Geräte des personellen Gebrauchs einerseits in ihr dienendes Aufgabenfeld zurückzuführen, andererseits mit den Ansprüchen eines kultivierten Wohnumfeldes zu versöhnen. Damit wurde ein von der Arbeit des Bauhauses ausgesparter Bereich nun auch gestalthaft eingeholt und den entsprechenden Lebensmöglichkeiten des 20. Jahrhunderts integriert. Dies bewirkte die den technischen Geräten verliehene Form. Aber darin allein erschöpfte sich die Design-Leistung Hans Gugelots nicht. Auch bei den Entwicklungen für Braun gesellte sich zu der Form eine weiter gerichtete Perspektive hinzu, eben das System-Denken. Radio- Plattenspieler und Fernseher wurden schon 1955 nicht mehr als isolierte Objekte,

sondern als sich ergänzende maßkoordinierte Informationsgeräte gesehen und im nächsten Schritt – 1956 mit dem Gerät »Studio 1« beginnend – alle Teile eines weit breiter ausgelegten Informations-Systems auf der Basis ergonomisch-funktionaler, analytisch-synthetischer Untersuchungen unter Berücksichtigung des Beziehungsrahmens geplant.
Zwischen 1955 und 1958 entstand somit eine Entwicklungsreihe eines komplexen Gerätefeldes, die weltweit erst gegen Ende des dritten und im vierten Viertel unseres Jahrhunderts hergestellt und selbst für Braun erst etwa ein Jahrfünft später in Teilen produzierbar wurde. Auch in diesem Bereich wirkte Hans Gugelot bahnbrechend.

Das gleiche gilt für seine Arbeit an der Hamburger U-Bahn, die 1959 begann und 1962 abgeschlossen wurde. Auch diese Entwicklung entstand wie alle anderen in enger Kooperation mit den jeweiligen Konstrukteuren, Technikern und Mitarbeitern, in diesem Fall in Zusammenarbeit mit Herbert Lindinger, Helmut Müller-Kühn, Otl Aicher und Helmut Croy. Diese Gruppenarbeit ist symptomatisch für die bereits während des Arbeitsprozesses angestrebte Integration unterschiedlicher Sichtweisen und Beurteilungskriterien.
400 dieser U-Bahnzüge verkehren noch heute – fast ein Vierteljahrhundert nach ihrem Entwurf – in der Hanse-Stadt und prägen das Stadtbild – dies ein Zeichen für die Gültigkeit der damals gefundenen Lösung von Innenausstattung und äußerer Erscheinung. Und 1980 entschied sich die Stadt Amsterdam den gleichen, nur geringfügig modifizierten Entwurf ihrem neuen U-Bahn-System zu Grunde zu legen.
Sitze, Lichtbänder, Innenverkleidung, Halterungen, Außenhaut – austauschbar, in System-Design entwickelt, ergonomisch sinnvoll, funktionell, knapp, selbstverständlich – erfüllen damit noch heute – am Ende unseres Jahrhunderts – ungetrübt von stilistisch-modischem Accessoire ihre Aufgabe.
Auch diese Arbeit war bahnbrechend, ebenso wie die Farbwahl Schwarz und Silber für technische Geräte des personellen Bedarfs, die über den Rasierer »sixtant« (1961/62) weltweit Schule machte. Bahnbrechend waren in gleicher Weise die von Gugelot begonnenen Entwicklungen eines Vollkunststoff-Sicherheits-Autos und die auf Erwin Braun zurückgehenden Planungen von Autark-Systemen, deren Fertigstellung Hans Gugelot nicht mehr erleben sollte.

Otl Aicher schildert in seiner nachfolgenden Abhandlung die empfindliche, fragile Nahtstelle zwischen den Disziplinen, in welcher der Designer wirkt. Vielleicht ist es nur durch diese eigentümlich unfestgelegte, instabile und damit zugleich offene Position möglich, das Empfinden für Potentielles lebendig, unverstellt zu erhalten und bei entsprechender Befähigung zwischen den divergierenden Kräften unterschiedlicher Disziplinen und Lebensäußerungen Integration zu stiften, Integration um einer immer wieder neu zu hebenden Wahrheit der Dinge willen.

Otl Aicher

hans gugelot

wenn ein ingenieur ein technisches produkt entwirft, ein werkstück oder den speicher einer informationskette, verfährt er wie in der mathematik nach logischen sprüngen. er mißt und zählt, er rechnet und folgt dem gesetz der kausalität. jede wirkung hat eine ursache und jede ursache hat ein wirkung. der ingenieur denkt linear, in einer gedankenkette.
ein designer hat es nicht so leicht.
wenn ein maler ein bild malt, dann rechnet und mißt er nicht. mit logik kommt er nicht weit. die ästhetischen qualitäten, um die es ihm geht, setzt er, leitet sie aus einer zielvorstellung ab. ob das bild naturalistisch ist oder abstrakt, es geht ihm um eine aussage mit hilfe einer ästhetischen qualität.
so leicht hat es der designer nicht.
er kann sich weder auf eine rational analytische arbeitsmethode zurückziehen, die alles in quantitäten auflöst und quantifizierbar macht, noch kann er sich darauf beschränken, qualitäten zu erzeugen, ordnungen der anschauung, der farbe, der form.
die arbeitsmethode des designers ist komplexer. sie ist auch nicht ein bißchen von dem, ein bißchen von jenem. sie umfaßt zwar das rechnen und messen und die herstellung von proportionen, aber sie ist mehr. der designer ist eine art moralist. er wertet. seine tätigkeit besteht aus wertungen.

es gibt technische produkte, die gut sind, die aber das auge beleidigen , es gibt dekorative produkte, die nicht zu gebrauchen sind, schöne dinge, die die welt verstellen. es gibt produkte von höchstem gebrauchswert, die aber technisch miserabel sind. es gibt schöne produkte, die nicht mehr informieren, die keine neugierde zulassen, nur aus verkleidung bestehen.
was hat ein designer zu machen? ein funktionierendes produkt? ein gut aussehendes produkt? ein gebrauchsfähiges produkt? ein informatives produkt?
der designer setzt sich zwischen die stühle. ein technisch einwandfreies produkt muß nicht schön sein, ein schönes produkt muß nicht unbedingt gebrauchsfähig sein, ein produkt von hohem gebrauchswert muß nicht immer einen hohen technischen standard haben und ein gut aussehendes produkt kann viel-

leicht nur deshalb gut aussehen, weil es alles versteckt und verdeckt.
die tätigkeit des designers besteht darin, ordnung in einem konfliktfeld heterogener faktoren zu schaffen, zu werten.

es ist barer unsinn, wenn nachgebetet wird, die (gute) form resultiere aus der funktion oder in einem schönen körper müsse ein guter geist wohnen. das gegenteil ist nicht weniger wahr.
die kategorie des technischen ist das richtige, nicht das schöne, und die kategorie des schönen ist das ästhetische, nicht das richtige. die kategorie der information ist das wahre, nicht das schöne. und die kategorie des gebrauchs ist das nützliche, nicht das funktionierende.
gewiß, das produkt das wir suchen, ist das sowohl technisch funktionierende als auch formal ansprechende, als auch im gebrauch sich bewährende und in der funktion, in der bedeutung und herkunft ablesbare. aber alle diese qualitäten gehen nicht wie von selbst auseinander hervor, sie bedingen sich nicht gegenseitig, sie sind nicht kausal voneinander abhängig, nicht selten stehen sie in einer spannung und schaffen sie konflikte. insofern ist die tätigkeit des designers eine wertung.
er hat es nicht leicht.
schließlich hat er auch noch die dimension des ökonomischen zu beachten und kann dabei gewiß nicht von der voraussetzung ausgehen, das marktgerechte sei das richtige, schöne, wahre und nützliche produkt. gerade der ramsch verkauft sich gut.

hans gugelot ist von geburt holländer. das war spürbar. die holländer haben sich aus dem zwang, mit dem meer fertig zu werden, einen pragmatischen sinn erworben und eine ingenieuse einstellung zur umwelt. die höfische kultur frankreichs kannte man in holland nicht, und eleganz ist ebensowenig eine holländische designkategorie wie repräsentation. der holländer mußte das eingebrochene meer zurückdämmen, er mußte schiffe und kanäle bauen, die kraft des windes für pumpen und mühlen ausnützen. das entwickelte common sense, die tugend der toleranz und praktische vernunft. in der arbeit von hans gugelot gibt es viel technische neugierde, aber nie pathos.
aufgewachsen ist hans gugelot in der schweiz.
auch hier ist ein kulturverhalten entstanden, das in der natur nicht nur das fördernde, sondern auch die herausforderung sah. und so wie man mit dem meer nicht auf höheren befehl fertig wird, so hat auch die auseinandersetzung mit fels und schnee ein gruppenverhalten hervorgebracht, das sich an der effizienz, nicht an der großen form ausrichtete. die schweizer bauten städte, sie können uhren bauen, kathedralen und schlösser lagen ihnen nicht. sie sind an einem fall interessiert, nicht an einer ideologie, wie die holländer auch.
ideologie wird heute im design groß geschrieben. das amerikanische, das italienische design beschäftigt sich nicht mehr mit einer sache, sondern mit repräsentation. design degeneriert zum zeichen.
hans gugelot ist zwanzig jahre tot. die frage ist, ob er heute ein zeitgemäßer designer wäre, ein designer der amerikanischen verhaltenskultur, die im zeigen und sich zeigen manifest wird. oder wäre sein einfluß so stark geblieben, wie er damals war? ohne frage war er von bestimmendem einfluß für eine ganze epoche. hans gugelot und charles eames, dieser ein amerikaner noch der pioniermentalität, waren die bestimmenden designer von damals. aber ihre denkkategorien waren die von handwerkern, von technikern, nicht von fabrikanten. ihre produkte waren nicht für die produktion entworfen, sondern als antworten auf sachlagen.
vielleicht auch wäre gerade heute hans gugelot von besonderer aktualität. es ist gar nicht ausgemacht, daß den großformen die zukunft gehört, daß der markt das produkt zu bestimmen hat und daß wir uns an eine welt der repräsentation gewöhnen müßten, wo nichts mehr für sich selbst steht, sondern nur noch sich selber vertritt.

kann es einen berühmten designer geben?
ein designer setzt sich zwischen alle stühle. einen großen maler gibt es, einen großen wissenschaftler, einen großen general. aber das große setzt das eingeschränkte voraus, die konzentration auf

ein enges, methodisch nicht komplexes gebiet. würde ein general noch über den sinn des krieges nachdenken, gar über den frieden, wäre er für die geschichte verloren, seine schlachten gingen schief. ein designer ist wie ein maler, der statt zu malen rechnet und mißt, er ist wie ein ingenieur, der statt zu konstruieren proportionen sucht, er ist wie ein kaufmann, der statt am absatz an der perfektion der nützlichkeit interessiert ist, und er ist wie ein bildhauer, der statt nach formen nach konstruktionen und technischer intelligenz sucht.

schon ein philosoph, der auch selbst pädagoge sein will, hat wenig chance in die geschichte einzugehen. wer sich der komplexität des lebens nähert, hat wenig aussichten, wie die großen simplifikateure, die hochgeschossenen spezialisten, im gedächtnis der menschheit zu verbleiben. wer seinen kopf zur letzten rationalität treibt oder sein herz zum empfindsamsten nerv, der hat aussicht, wahrgenommen zu werden, aber nicht, wer beides braucht. zur größe gehört die simplizität der methode. schon der architekt muß sich entweder auf die form spezialisiert haben oder auf die technik, wenn er ins gerede kommen will. das ist die wirkliche ursache für die unterlegenheit der frau in der geschichte. sie muß mit dem herz denken und mit dem kopf empfinden und entzieht sich damit unserem schema kultureller wertschätzung.

rietveld hat stühle gemacht, die aussehen wie plastisch-konstruierte umsetzungen von mondrians gemälden. zum sitzen waren sie kaum geeignet. aber sie wurden berühmt. sie wurden gekauft als ästhetische objekte, als ausdruck eines stils der geometrischen elementarformen. legitim waren nur noch quadrat, kreis und dreieck sowie die primärfarben schwarz-weiß, rot, gelb und blau. sie waren ausdruck eines stils. der stuhl war reduziert auf eine ästhetische form und hatte damit jene reduktion der vereinfachung erreicht, die in der regel das wesen des berühmten ist.
solche objekte stehen denn auch nicht mehr in wohnungen, sondern in museen. hans gugelot machte stühle nur für wohnungen.
die meisten designer haben ihren eigenen stil. einen rietveld erkennt man als rietveld. woran sollte man einen gugelot erkennen?

was spricht gegen einen stil? wir sind in eine welt der zeichen eingetreten und wir benützen sehr oft objekte nicht mehr als gebrauchsgegenstände, sondern als zeichenträger. was wir kaufen, wird häufiger vom markenbild bestimmt als vom gebrauchswert. die form des produkts, die marke, die erscheinung ist oft bestimmender geworden als technik, nutzen und leistung eines gegenstandes, die meist ohne spezielle analyse nicht mehr zu bewerten sind unter der bunten hülle des augenscheins.
ein produkt zu erwerben, ist heute ein stück selbstdemonstration. es weist mich aus als jemanden, der sich mit einer marke identifiziert. auch das bestärkt die bildfunktion der gegenstände und zwingt zur ausbildung eines stils, der zeichencharakter hat. wieviele haben braungeräte nur deshalb gekauft, weil sie damit die zugehörigkeit zu einer designbewußten klasse von menschen demonstrieren konnten?
was also spricht gegen einen stil? hans gugelot, dessen bin ich sicher, hätte er es erleben können, er hätte anstoß genommen an der entwicklung eines hauseigenen braun-stils. mit jedem produkt ging es ihm nicht nur um die lösung einer aufgabe, sondern um den widerstand gegen die verlockung zum stil. mit jedem produkt rannte er gegen die gefahr an, daß es einen stil hervorbringen könnte. er mußte vor sich selbst beweisen, daß er keinem stil verfällt, weder einem stil als persönlichkeitsausdruck, als handschrift, noch einem stil als unternehmensimage. als er sich gedanken über autos machte und mit BMW kontakt aufgenommen hatte, dachte er weder daran, einen BMW zu bauen, noch einen gugelot zu produzieren. man konnte damals einen pininfarina als farina erkennen und bis zum heutigen tage muß ein mercedes nach mercedes aussehen, weil menschen in einem produkt zuerst eine marke sehen.
hans gugelot hatte angst vor einem stil und mußte sich beweisen, daß er der versuchung zu einem stil widerstehen konnte. im stil sah er bereits den beginn der korruption des design.

jeder mensch ist eine person, eine persönlichkeit, eine figur. aber nicht jeder ist eine symbolfigur. symbole sind nicht nur zeichen, sondern identifizierungsmerkmale. man schaut zu ihnen hoch. sie sind überhöhungen. sie erlauben wunschprojektionen, an ihnen machen sich erwartungen fest.
das design hat sich dies zunutze gemacht. produkte sind immer weniger das, was sie sind, sie sind mit symbolen aufgeladen, transportieren inhalte und wecken interessen, die nicht mehr der sache entsprechen, sondern lüste wekken und lüste befriedigen wollen.

ein produkt ist immer ein zeichen und zur produktqualität gehört, daß das produkt signalisiert, was es ist. produktgestaltung hat neben der technischen qualität, neben der gebrauchsqualität auch eine kommunikationsqualität herzustellen, nämlich das produkt transparent, verständlich, einsichtig zu machen, was sowohl herkunft, fertigung, materialien, konstruktion und gebrauch betrifft. ein wirklich gutes produkt zeigt sich so, wie es ist.
das aber ist leider die ausnahme. ein produkt hat heute nicht zuerst so auszusehen wie es ist, sondern so, wie es anspricht, wie es am stärksten auf markt und kunden wirkt. alles was glänzt und glitzert hat einen höheren verkaufswert. also haben bilder goldrahmen und autos chromleisten. autos, die aussehen wie fische oder vögel, verkaufen sich besser, auch wenn ihr sogenannter c-wert, mit dem die windschlüpfigkeit gemessen wird, keineswegs höher zu sein braucht als der eines autos, in das man bequem einsteigen kann.
nur in wenigen bereichen, wie denen der kameras und der rundfunkgeräte, hat sich heute ein design durchgesetzt, das ein produkt sein läßt wie es ist, ja seinen produktcharakter zu vergrößern sucht, statt ihn mit symbolattitüden zuzudecken.

auch dafür hat hans gugelot viel getan. bis zu seinen radioentwürfen war ein rundfunkgerät zuerst ein möbelstück und hatte sich in eine wohnzimmerkultur zu integrieren, die immer der schau, dem vorzeigen diente. heute erscheint eine hi-fi-anlage nur dann qualifiziert, wenn an ihr nichts mehr an wohnzimmer erinnert. aber das kann umkippen. auch das technische kann zum symbol werden. schon gibt es autos ohne chrom, hinten hochgestellt wie formel 1 wagen, nur um im rennsport anleihen machen zu können. es gibt ein technisches design, aber auch ein technoides.
auch in der architektur, wo fast nur noch repräsentativ, symbolisch, zeichenhaft gebaut wird, erleben wir, daß neben den historischen zitaten, etwa der säule oder dem rundbogen, auch die technik als zitat, als symbol auftaucht. viele glasdachkonstruktionen sind dekorativ und kopieren technisches denken statt es zu entwickeln. diese versuchung, alles zum symbolträger zu erheben, anstelle von aussagen anspielungen zu machen, anstelle von sachlagen kulissen, verpackungen zu zeigen, ist der bestimmende trend des heutigen design.
das ist sicher auch eine folge der zunehmenden autoritätsgläubigkeit. da wir immer weniger selber erfahren, es vielmehr über kommunikationskanäle zugespielt bekommen, da wir immer weniger selber machen und es auch nicht verbessern und bewahren, es vielmehr als wegwerfprodukt aufgedrängt bekommen, verlieren wir vertrauen zu uns selbst, uns fehlt sicherheit im verhalten, machen und sagen, und wir beten autoritäten an. symbol ist die autoritäre form des zeichens. das symbolträchtige produkt weist seinen benutzer als untertan auf, als ergebenen.
symbole waren einst die zeichen der religiösen und politischen herrschaft. heute sind sie meist zeichen der kulturellen überlegenheit. die kunst wird zum arsenal des bedeutungsvollen. wer die sitzfläche eines stuhles als dreieck ausbildet, erhebt ihn in die welt der maler und museen, und viele glauben, daß er dann auch gut zum sitzen sei. man ist heute so der kunst ergeben, daß auch nonsens mit ihr verkäuflich wird oder die wertsteigerung des profits sichert.

aber auch gegenüber dem ingenieur, nicht nur gegenüber der kunst, hatte hans gugelot vorbehalte. wie charles eames ist gugelot ein ingenieur-designer. er hatte ein faible für technik, wollte ursprünglich konstrukteur werden. er hat zwar nie auf ingenieure heruntergesehen, weil ein designer vielleicht dank seiner

kulturellen plattform etwas besseres gewesen wäre. aber technik ist etwas sehr einseitiges. wir haben uns einmal unterhalten über den fatalen mißstand, daß autos immer schneller, technisch perfekter, ausgeklügelter werden, gleichzeitig ihre gebrauchsdimension, sowohl für das individuum wie für die gesellschaft, immer mehr verkümmert.
das hat mit technikfeindlichkeit nichts zu tun. gugelot war ein konstruktionsfetischist und vernarrt in verfahrenstechniken. aber er sah die sackgassen, in die uns eine naturwissenschaftlich-technische zivilisation hineinzwängt. gerade weil er eigentlich ein ingenieur war, sah er die grenzen einer technik, die nur technisch denkt. der maßstab eines guten autos ist heute seine PS-zahl und seine geschwindigkeit. dem wird alles geopfert. man muß keineswegs ein feind ständig verbesserter motoren sein, keineswegs unsensibel für das erlebnis der geschwindigkeit, wenn man ein auto trotzdem zuerst als einen humanen gegenstand versteht und deshalb bewertet nicht nur nach technischer und geschäftlicher effizienz, sondern schlicht als gebrauchsgegenstand.
die heutige alternative woge nimmt sehr oft technikfeindliche züge an. von neuem blüht der kult des handgemachten. dabei kann handwerkliche produktion sehr menschenfeindlich sein. jeder bauer schon schätzt den vorteil der maschine.

von manchen leuten sagt man, sie haben einen kiesel in der tasche, mit dem sie spielen können. hans gugelot hätte ein kugellager genommen. das widerstandslose gleiten der beiden ringe ist eine manuelle erfahrung wert. ein handwerklich gemachtes kugellager ist aber ein widerspruch in sich. kugeln dieser präzision lassen sich nicht handwerklich herstellen.
es wundert nicht, daß er seine aufgaben meistens mit technischen funktionsmodellen anfing, er stellte erst mal jede technische lösung in frage und überprüfte anhand vereinfachter apparate, ob sich die leistung verbessern ließe. sein carousel für kodak bestand lange zeit aus einem karosserielosen diaprojektor, an dem er die technik überprüfte. dabei war er ein introvertierter techniker. es kam ihm nicht darauf an, auf den mond zu schießen, sondern intelligentere lösungen zu finden.

ein theoretiker war hans gugelot nicht. aber auch kein praktiker. ja was ist man dann, wenn man weder theoretiker noch praktiker ist?
er hatte alle seine sinne beisammen, gebrauchte seinen kopf wie wenige, er lebte in seinen aufgaben. was er ausübte, war keine tätigkeit, sondern sein leben, und sein leben war seine tätigkeit. da war kein subjekt an einem objekt tätig. seine person lebte sich aus an der art wie er eine aufgabe löste. er brauchte weder das panorama der kunst, noch der literatur, nur die musik ließ ihn nicht los. noch in der schweiz hat er in einer jazzband gespielt, und wenn er platten hörte, nahm er gelegentlich seine ukulele und spielte mit. seine arbeit bestimmte auch das verhältnis zu seinen mitmenschen. seine freunde waren auch die partner seiner arbeit.
man darf es hans gugelot zuschreiben, daß er den gebrauchswert als designgröße erweitert hat um den systembegriff. in einem variablen möbelsystem aus elementen sah er einen höheren gebrauchswert im sinne einer selbstbestimmung als in der ansammlung von schränken, wie schön und handwerklich sie auch immer sein mochten. der käufer kann nach neigung, interessen, bedürfnissen und gegebenheiten sich dasjenige behältersystem zusammenstellen, das ihm auf den leib zugeschnitten ist. schränke, regale, fächer lassen sich in allen höhen und breiten nach gelegenheit und neigung zusammenbauen. ein solches system, das freiheit etabliert, das eine größere qualität des humanen erreicht, das allerdings auch kreative intelligenz, herstellungsneigung voraussetzt, nicht nur konsumenten, ein solches system läßt sich nur mit der exaktheit herstellen, die der technischen produktionsweise eigen ist. industrielle fertigungsmethoden sind voraussetzung für eine ausweitung der anwendbarkeit und damit des gebrauchswertes. eine solche ausweitung des gebrauchswertes umfaßt auch den faktor zeit. ein system kann wachsen und schrumpfen, sich modifizieren je nach lebensphasen. als system bleibt es konstant.
man wird nicht so kühn sein zu behaup-

ten, daß unsere konsumtugenden so ausgebildet wären und die neigung zu eigenbestimmung so tief verankert, daß der repräsentationsschrank als einzelstück nicht noch immer der marktrenner sei. marktrenner sowohl im feinen antiquitätengeschäft wie im selbstabholer-möbelzentrum. trotzdem ist das designdenken, ist unser anspruch an den gebrauchswert sowohl analytischer als auch methodischer geworden und herausgetreten aus der werkbundidylle des haus- und handgemachten.

die schwäche des heutigen design liegt darin, daß es ihm nicht gelungen ist, einen wertekatalog des gebrauchs zu entwickeln, der über die haushaltsempirie hinausgeht. das ist leicht erklärbar, weil technik und ökonomie nicht nach inhalten und bedeutungen, sondern nach größen zu bemessen sind. umsatz läßt sich exakt in zahlen ausdrücken, was zu dem fatalen schluß verleitet, ein großer umsatz sei ein indiz für ein hervorragendes produkt.
so hat sich das design noch immer nicht befreien können von dem mißverständnis, nur das schöne handgemachte produkt, das glas, das porzellan, das besteck erfülle die ansprüche eines humanen gebrauchs. es gilt aber auch die umkehrung: ein großer umsatz ist kein widerspruch für einen optimierten gebrauchswert, für ein gutes produkt.
gugelot hat als designer nie abschied nehmen müssen von der vorstellung, design sei entwurf von guten einzelobjekten. er hat als designer begonnen mit einem hochflexiblen möbelsystem, dessen qualität nur in einer technischen fertigung erreichbar war. mit ihm trat er auch aus der doktrin aus, nur natürliche werkstoffe seien gut, er verwendete melaminharzplatten.
heute sind schrankwandsysteme, küchensysteme, systeme von büroeinrichtungen eine selbstverständlichkeit, jemand aber mußte einmal beginnen und jene produktionsphilosophie ablösen, die den werkbund groß gemacht hatte, die philosophie vom schönen, handgeformten einzelstück.
gugelot hat sein system nicht nur als konkretes angebot verstanden, er hat darin ein designprinzip gesehen, das seine gültigkeit auch im gerätebau, auch in der architektur, auch in der stadtplanung erweisen sollte.
gesucht wurde nicht mehr die vorstellung von einem endprodukt. dieses endprodukt hatte sich verflüchtigt. das resultat konnte so oder so aussehen, je nach bedarf, je nach gebrauch. am anfang stand das element. ein paar bretter, verbunden durch genormte verbindungen, ließen sich zu einheiten zusammensetzen, eine box, ein regal. aus den einheiten wiederum entstanden dann die unterschiedlichsten programme.
methodologisch eröffnete sich die beziehung von konstanten zu variablen, von der normierung zur beliebigen endgestalt, vom element zum programm.

es ist heute kaum wiederzugeben, welches gefühl uns bewegte, als wir freiheit und variabilität, auch im persönlichen, auch im politschen bereich, nicht mehr als gegensatz zu norm und fixierungen zu verstehen brauchten, sondern als etwas, das sich gegenseitig bedingt. erst das akkurate element, erst die strenge methode schafft offenheit, erlaubt kreativität, ermöglicht phantasie. rationale methoden und exakte elemente, exakte standards und präzise fertigungen eröffnen den freiraum eigener programme.

wir brachen die normierung auf, die als solche zu zwang, schematismus und uniformität führte. wir zwangen das raster dazu, impulsen zu dienen. aus der wiederholung des schemas schälten wir das spiel heraus. gerade durch die bejahung von standards ermöglichten wir auf eine neue weise das freie spiel. wir hatten die leiter, auf der man über sich selbst hinaussteigen konnte, wir bejahten die gesetze der technik, um das reich unbegrenzter variationen aufzuschließen.

wenn ich von wir spreche, so deshalb, weil ich auf dem gebiet der typografie dieselbe erfahrung machte, wie gugelot im bereich des produktdesign. was gutenberg mit der schrift machte, durch elementarisierung vielfalt zu ermöglichen und zugleich höhere produktivität, versuchten wir auch auf den satzspiegel und umbruch auszudehnen, der über jahrhunderte in einer normativen strenge erstarrt war. wir suchten das schema auch der neuen typografie zu überwinden durch

typisierung der grundelemente.
das alphabet hat 25 buchstaben und es lassen sich mit ihm alle gedanken der welt festhalten. in der rückführung der schrift nicht auf worte, sondern auf buchstaben und ihre standardisierung, lag die voraussetzung für die neue freiheit des wortes. ähnliches erhofften wir im bereich des design.
um programme hatten wir uns damals nur in bescheidenem maße gekümmert. die systemtheorie als solche, die regeln der kombination und der permutation versetzten uns in das hochgefühl, neuland betreten zu haben. die methodologie der serien- und massenproduktion erweiterte sich zu einem designkonzept der offenen gestalt. wir waren naiv genug, eine offene gesellschaft sich verwirklichen zu sehen aus der bereitstelllung offener systeme.
programme verstanden wir als technische angebote. eine küchenmaschine sollte sich erweitern zu einem küchenprogramm, an deren ende vielleicht das verschwinden der küchenmaschine stand. vielleicht blieb nur eine zapfwelle übrig und das gewicht verlagerte sich von der maschine zur optimierung der küchenprozesse rühren, schneiden, mixen, hobeln, pressen.
was aber in der küche gekocht wird, war noch keine designbestimmende frage. so mag man es hans gugelot nachsehen, daß er als designer, von heute aus gesehen, auch seine grenzen hatte. sie hängen mit seinem frühen tod zusammen. dies in einem doppelten sinn. es ist keine frage, daß eine so sensible person wie hans gugelot sich weiterentwickelt hätte. sein optimismus gegenüber industrie und technik wäre aber differenzierter, wenn nicht skeptischer geworden in bezug auf die wirklichkeit.
genau damals aber begann die fragestellung. wozu das ganze? wohin führt uns die bereitstellung offener systeme? was macht die industrie aus unseren designangeboten? was macht die gesellschaft mit einem wertfreien design? wir begannen das problem der programme zu begreifen. wir begannen zu zweifeln an dem glauben, die bereitstellung offener systeme beinhalte eine offene anwendung.
ich schließe nicht aus, daß bei der intensität, mit der hans gugelot designer war, sein tod mit den konflikten zusammenhängt, die sich ankündigten und sich auch schon zeigten, hinein bis in kontroversen auch mit seinen freunden.

ein designer ist ein moralist. er lebt nicht leicht. statt naturgesetzen zu folgen, sie zu ergründen und im technischen anzuwenden, setzt er sich zwischen alle stühle. er hat zu wählen und zu entscheiden zwischen vielfältigen faktoren und eine glaubwürdige resultante zu finden. er weiß nie, was dabei herauskommt, wenn er nicht bereits einem stil erlegen ist. er hat spannungen, differenzen und konflikte auszutragen, die sich aus den verschiedenen ansprüchen ergeben, die an ein produkt gestellt werden. am schluß muß er sich sogar fragen, was ein techniker am wenigsten fragt, ein kaufmann noch weniger, nämlich, wozu das produkt gut sein soll. wer hält das aus?

Fritz Eichler

Realisationen am Beispiel: Braun AG

1965 starb im Alter von 45 Jahren Hans Gugelot. Das sind 19 Jahre her – eine lange Zeit für einen, der so wenig erinnerungsbegabt ist wie ich.
Ich sitze in einem Sessel von ihm, den er einmal für die Firma Bofinger gemacht hat (und den es leider nicht mehr gibt). Ich mag diese Sessel – nicht nur weil ihn Hans Gugelot gemacht hat, sondern auch, weil er so viel von ihm ausstrahlt. Er ist so wenig »sesselig«, fast ein Sesselstuhl – leicht und trotzdem stabil. Er macht sich nicht breit (wie das Sessel so an sich haben), sondern läßt Luft um sich, ist unambitiös, einfach und ehrlich. Er ist von einer zurückhaltenden, fast vornehmen Eleganz und mit seiner beweglichen Rückenlehne trotzdem bequem.
Darin sitze ich also – ein leeres weißes Papier vor mir. Es bleibt lange leer, denn ich frage mich: Wer und wie war Hans Gugelot? Weiß ich es?
Eines weiß ich: was er für die Firma – die damalige Max Braun OHG – bewirkt und bedeutet hat. Und das war viel und sehr entscheidend.
Nicht nur für die Firma – sondern auch für mich persönlich. Mit dem Versuch, mich an Hans Gugelot zu erinnern, steigt automatisch die Erinnerung an meine eigene Vergangenheit auf.
Ich kann beides nicht voneinander trennen.
Wie war das eigentlich damals 1953, als ich wieder mit Erwin Braun zusammenkam – den ich im Krieg als neunzehnjährigen Soldaten kennengelernt hatte, und mit dem mich seitdem ein freundschaftliches Gefühl verband?
Ich kam aus einer anderen Welt – aus der Welt des Theaters und Films (in der ich als Regisseur und Bühnenbildner tätig gewesen war) – einer Welt also, die der Industrie eher skeptisch und feindlich gegenüberstand.
Da waren: Erwin Braun (30 Jahre) und sein Bruder Artur Braun (26 Jahre). Beide hatten 1951 beim plötzlichen Tod ihres Vaters Max Braun die Firma übernommen – eine Firma, die dank der hohen unternehmerischen Fähigkeiten dieses Vaters auf soliden Beinen stand. 1953 stellte sie Radio- und Phonogeräte, Küchengeräte und gerade die ersten Elektrorasierer her.
Ein heterogenes Geräteprogramm also, das sich in seinem Äußeren kaum von der Konkurrenz unterschied. Es hatte ein Dutzendgesicht, ein Gesicht ohne eigenen Charakter. Erwin Braun – angeregt und stimuliert durch Wilhelm Wagenfeld – suchte ab 1954 nach einem neuen Weg – einem eigenen Weg.
Ich erinnere mich an all die Fragen, die damals in ihm brodelten und kochten (und die ich, soweit ich dazu in der Lage war, versuchte am Kochen zu erhalten). Vielfältige und komplexe Fragen, die sich bei ihm immer mehr zu einem unternehmerischen Gesamtkonzept verdichteten und die letzten Endes (um es sehr vereinfacht auszudrücken) in der einen Frage mündeten: Kann man auch mit mehr Ehrlichkeit und Menschlichkeit einen geschäftlichen Erfolg machen? Eine sehr schwergewichtige Frage also, die erst zu beantworten war, wenn sich jemand fand, einen solchen Weg zu beschreiten. Am deutlichsten war die Diskrepanz von Wollen und Realität bei den Radiogeräten. Sie schrieen geradezu danach, von ihrer goldprotzenden Verlogenheit befreit zu werden. Aber von wem?
Eine eigene Gestaltungsabteilung im Hause Braun gab es noch nicht.
Wir hörten von der Hochschule für Gestaltung in Ulm, deren Gebäude gerade errichtet wurden. Erwin Braun fuhr hin. Wir lernten Inge und Otl Aicher kennen – und Hans Gugelot. Was wir sahen und hörten, entsprach mehr als erwartet dem, was Erwin Braun wollte.
Hans Gugelot erhielt einen Auftrag, die Braun-Radiogeräte neu zu gestalten.
Ich erinnere mich an seinen ersten Auftritt in Frankfurt. Er brachte – geheimnisvoll mit einem weißen Tuch verdeckt – das erste Modell für ein zukünftiges Radiogerät mit. Eine Art Denkmalsenthüllung fand statt. Da stand das Ding: eine einfache viereckige Holzkiste – auf der Vorderseite eine schwarze Kreisfläche und ein Rechteck – das war alles. Und da standen drei Herren der Industrie (und ich) und schauten das Ding an. Hans Gugelot, stämmig, in sportlicher Lederjacke, statt eines Schlipses einen dicken wollenen Schal um den Hals (obwohl es im Zimmer recht warm war), schaute seinerseits diese Herren erwartungsvoll, skeptisch, fast ein wenig arrogant an. Pause: ein Engel ging durchs Zimmer. Er hielt ihn sicher für einen maskierten

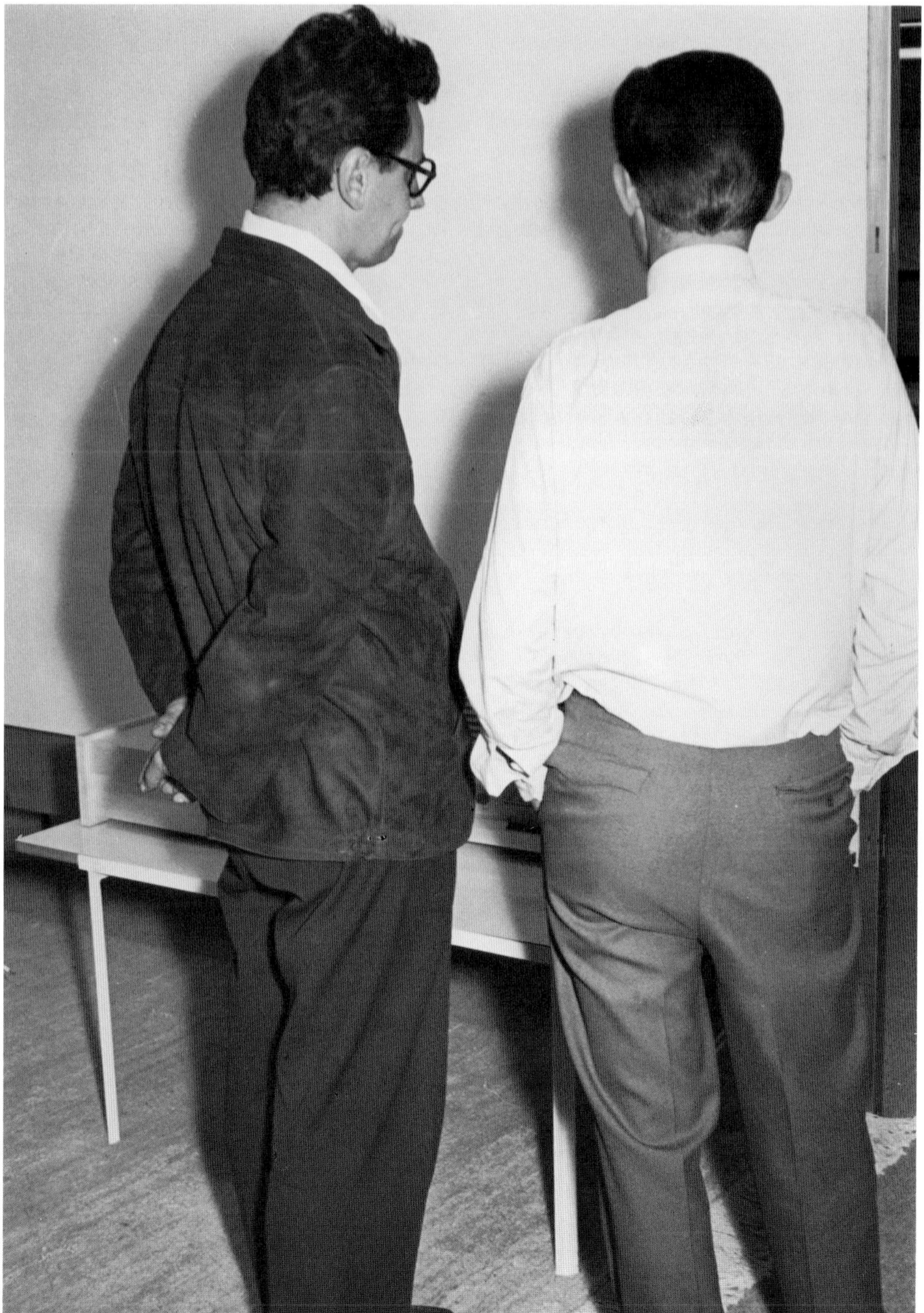

Hans Gugelot und Dr. Fritz Eichler von der Braun AG vor den Geräten »G-11« und »G-12«, 1955

Teufel, der das Wunderding aus Ulm gleich mit einem Knall in die Luft sprengen würde.
Später gestand er mir, daß er diese Vorführung als eine Art Test in Szene gesetzt hatte, um zu provozieren. Er wollte wissen, ob die Leute von Braun auch zu der Sorte von Industriellen gehörten, die es nur einmal mit der sogenannten Moderne versuchen wollten.
Als er merkte, daß es ihnen ernst war – ja, daß sie sogar bereit waren, diesen nackten, aus einer Matrix entsprungenen Rohentwurf eines Radiogerätes zur Realität werden zu lassen, da wurden für ihn aus den Herren der Industrie Menschen. Mit seinem dicken wollenen Schal legte er die Skepsis ab, wurde zum Mitverschwörer und ging an die Arbeit. Es begann eine verrückte Zeit – für ihn und für die Leute von Braun. Denn in ein paar Monaten sollte das gesamte Radio-Phono-Fernsehprogramm auf der Funkausstellung 1955 in Düsseldorf ein völlig neues Gesicht zeigen. Man fuhr zweigleisig. Im Hause entwickelte man eine Linie mehr konventioneller Art, die aber auf Entwicklungen aus Ulm – wie Skalen und Bedienungselemente – zurückgriff. Für Hans Gugelot war es eine schwierige Aufgabenstellung. Sie widersprach eigentlich seinen Vorstellungen von Design, wonach sich Technik und Form von Anfang an systematisch und organisch miteinander entwickeln müssen, um zu einem überzeugenden und stimmigen Äußeren zu kommen. Er konnte nicht vom Nullpunkt ausgehend etwas Neues gestalten – er war gezwungen, etwas zu tun, was er im Grunde ablehnte: eine äußere Form um eine bereits vorhandene und fixierte Technik zu machen.
Er mußte dabei mit Technikern zusammenarbeiten, die ihn nicht verstanden, die das, was da entstand, mit Mißtrauen und Angst betrachteten.
Es ist sicher das Verdienst von Artur Braun, dem Techniker, der mit Überzeugung und Engagement hinter diesem Abenteuer stand, daß alle diese Geräte ohne jeden Kompromiß realisiert werden konnten.
Da standen sie eines Tages: die Radio-Phono-Kombination PKG (der »lange Heinrich« mit 3 verschiedenen Untergestellen); ein neuer Tischsuper (in 2 verschiedenen Ausführungen); ein Plattenspieler und ein Fernseher in lichtem Ahorn – leicht und präzise wirkende Einzelgeräte, die dennoch eine Familie bildeten. Denn Hans Gugelot war es gelungen (gewissermaßen vom falschen Ende her), Geräte zu entwickeln, die in Maß und Form aufeinander abgestimmt waren, die sich auf- oder nebeneinander zu einem harmonischen Ganzen anordnen ließen. Es waren die ersten kombinierbaren Radiogeräte, die es auf dem Markt gab – etwas völlig Neues – echte Gugelots. Die Geräte, die in der Firma entwickelt worden waren, nahmen sich dagegen zwar anständig, aber doch bieder-treuherzig aus. (Sie erhielten erst später durch Herbert Hirche ein adäquates Niveau.)
Dazu kam Otl Aicher.
Es war klar, daß diese Geräte in dem Riesenpotpourri von spekulativer Verlogenheit einen Raum und Rahmen brauchten, in dem sie atmen und wirken konnten.
Otl Aicher entwickelte aus dem gleichen Geist ein völlig neues Ausstellungssystem (ein System, das auch heute noch das Bild sehr vieler Messestände bestimmt). Und er schuf alle die kommunikativen Mittel, die dazu gehörten.
So wurde es eine Sache aus einem Guß, die sich da 1955 in Düsseldorf präsentierte. Die Wirkung ist bekannt. Sie war sensationell.
Das, was damals geschah, war entscheidend für die zukünftige Entwicklung der Firma Braun; denn da stand ein reales, greifbares Modell, das alle die Fragen von Erwin Braun beantwortete und das zeigte, daß es und wie es geht.
Es bestimmte auch meine weitere Zukunft. Ich war in den Sog der Ideen und Absichten von Erwin Braun geraten – ich hatte mitgeredet und mitgewirkt, soweit ich es konnte, aber ich dachte damals noch nicht daran, daß ich eines Tages endgültig in der Industrie landen könnte.
Im Frühjahr 1955 – mitten im Trubel – erhielt ich ein Angebot, die Regie eines Films zu übernehmen. Ich mußte mich entscheiden. Ich entschied mich für Braun, weil ich es für sinnvoller hielt zu helfen, anständige Geräte zu machen, als fragwürdige deutsche Filme (denn die, die ich gerne gemacht hätte, waren damals noch nicht möglich).
So wurde ich ein »Mann der Industrie«

und Leiter der Gestaltung bei Braun. Wäre ich es geworden, wenn ich nicht Hans Gugelot und Otl Aicher kennengelernt hätte? Ich glaube nein. Denn ohne ihre Freundschaft und Hilfe hätte ich dillettieren müssen.
Obwohl ich ein ganzes Stück älter war als sie, war ich ihr Schüler (und sie waren feinfühlig genug, es mich nicht merken zu lassen).
Sie gaben Erwin und Artur Braun und mir über ihr realisiertes Düsseldorfer Modell hinaus Anregungen und lehrten uns Methoden, auf denen wir aufbauen und weiterarbeiten konnten. Und sie halfen uns – mit Rat und Tat – eigene Gestaltungsabteilungen im Hause aufzubauen (obwohl ihnen bewußt sein mußte, daß dies eine Konkurrenz für ihre eigene Arbeit bedeuten würde).
Hans Gugelot war es, der mit sicherem Instinkt auf die besondere Begabung von Dieter Rams hinwies, der sich damals unter mehreren anderen um eine Anstellung als Innenarchitekt bei Braun beworben hatte.
Ich bin überzeugt davon, daß die Leistungen von Dieter Rams und von all den anderen Gestaltungsleuten bei Braun in den vielen Jahren danach nur auf dem Boden entstehen und sich entfalten konnten, den Hans Gugelot und Otl Aicher damals bereitet haben.

Noch im Sessel von Hans Gugelot sitzend (er ist wirklich gutes Design: die schwenkbare Lehne schmiegt sich einem inzwischen doch schon reichlich älter gewordenen Kreuz wohltuend an) denke ich an die Hochschule für Gestaltung in Ulm.
Hans Gugelot und Otl Aicher waren dort Lehrer. Für mich waren sie die Hochschule für Gestaltung. Mit ihrer Tätigkeit und ihren Methoden hat die Schule den sichtbarsten und überzeugendsten Ausdruck für ihre besondere und lebendige Qualität gefunden.
Die Hochschule für Gestaltung in Ulm existiert nicht mehr. Sie starb keinen sehr rühmlichen Tod.
Das Einmalige und Besondere an ihr verschwindet immer mehr im grauen Nebel. Sogar Feindbilder entstehen. Mit undifferenzierten, vagen Begriffen, wie: funktionalistisch, puristisch, blutleer, ideologisch, und was weiß ich noch, wird eine Fassade aufgebaut, vor der man glaubt, sich mit noch vageren, rein emotional eingefärbten Begriffen wirkungsvoller in Szene setzen zu können.
In mir steigt die Befürchtung auf, daß sich womöglich einer Hans Gugelot als einen blutleeren Theoretiker mit viereckigem, grau gerastertem Kopf vorstellen könnte. War er das? Er war das Gegenteil: er war offen, lebendig und vital.
Ich sehe ihn noch, wie er elegant und schmalspurig vor Erwin Braun und mir auf Skiern einen Steilhang hinunterschwingt (und wir beide wohlweislich darauf verzichteten, es ihm gleichtun zu wollen).
Ich sitze wieder neben ihm im Auto und halte den Atem an, weil er in einem viel zu schwachen und einfachen Wagen kühne Überhol- und Einschwenkmanöver macht – genußvoll grinsend: ein verhinderter Autorennfahrer.
Ich schleppe mich wieder – sehr spät nachts – in Paris (irgendwo in der Nähe des Montmartre) hinter einem unerbittlich neugierigen Hans Gugelot her mit dem Wunsch in Kopf und Beinen: hoffentlich wird der Kerl bald müde.
Und ich erinnere mich wieder an die große Reise mit ihm, die Erwin Braun inszeniert hatte, um reale Beispiele und Modelle zu sehen die Anregung und Bestätigung sein konnten. Sie führte über Los Angeles, San Francisco, Chicago und New York nach Italien – zu Olivetti.
Hans Gugelot war bei alledem: Freund, Türöffner, Führer und Mentor.

Er war kein abstrakter Theoretiker, sondern ein Realist und Praktiker – ein Praktiker mit einem breiten theoretischen Fundament, der in systematischen Zusammenhängen dachte, ein Designer, dem es zunächst nicht auf die äußere Form ankam, sondern den erst einmal die Voraussetzungen interessierten, die zu einer notwendigen und dadurch zu einer stimmigen Form führen könnten.
Er hatte immer Papier bei sich (meist mit quadratischem Linienraster). Wo es nur ging, zog er es irgendwo hervor und fing an zu zeichnen – keine rein formalen Entwürfe, sondern kleinformatige Konstruktionszeichnungen, an denen er genußvoll-vergrübelt herumbastelte. Er besaß ein großartig ausgeprägtes räumliches Vorstellungsvermögen (er konnte z. B.

Texte auf dem Kopf stehend in Spiegelschrift schreiben). Im Grunde war er auch ein vortrefflicher (und deswegen wohl um so engagierterer) Konstrukteur. Ein Konstrukteur und ein Designer mit großer Sensibilität für das Echte – eine ideale Mischung.

Bei dem Blick zurück zu ihm wird mir immer klarer, was er für Braun und mich bedeutet hat.
Hinter allem, was ich selbst in den vielen Jahren danach bei Braun tun und bewirken konnte als – ja als was eigentlich? – als Gestalter, Erzieher, Anreger, Verhinderer, Feuerwehr, Beichtvater? – stand – gewissermaßen als Maßstab – immer die Frage: was sagen Hans Gugelot und Otl Aicher dazu?
Das ist auch heute noch so.
Wen wundert es also, daß mich – der ich immer noch im Sessel von Hans Gugelot sitze – bei dem hilflosen Versuch, ihn wieder lebendig werden zu lassen, ein großes Gefühl der Dankbarkeit überkommt?

Rudolf Baresel-Bofinger

Realisationen am Beispiel: Firma Bofinger

Die Verwirklichung einer Idee, sei es in der Produktionsgestaltung, sei es in der Politik oder sei es auf irgendeinem anderen Gebiet, ist an verschiedene Voraussetzungen geknüpft; eine der allerwesentlichsten ist jedoch die Kraft der Überzeugung, mit der sie vorgetragen, übermittelt und allen Widerständen zum Trotz durchgesetzt wird. Auf dem Gebiet der industriellen Produktgestaltung wird die Entwicklung und die Durchsetzung einer Idee hauptsächlin von zwei Personen abhängen: nämlich vom Produktgestalter selbst und dem Unternehmer. Selten sind beide Aufgaben in einer Person vereinigt. Wenn die Kooperation zwischen Entwerfer und Unternehmer fruchtbar sein soll, muß der Unternehmer vom Sinn einer solchen Produktentwicklung in hohem Maße überzeugt sein. Erst dann kann er seine Mitarbeiter schlüssig motivieren, die für die Umsetzung der Idee die Mitverantwortung tragen. Das gilt sowohl für die Produktion als auch für den Vertrieb. Hans Gugelot hat für die Bofinger Produktion mehrere Produkte entwickelt: einmal das Möbelsystem M 125, ein zerlegbares Tisch- und Betten-Programm, Schreibtisch-Korpusse und kurz vor seinem Tode noch das Konzept des Faltwandschrank-Programmes. Das Schiebebett, der sogenannte »Doppeldecker«, das in der Bofinger Produktion hergestellt und verkauft worden ist, war vorher schon von Hans Gugelot für den Wohnbedarf in Zürich entworfen worden. Im folgenden soll die Realisation des Konzeptes des zerlegbaren Möbelsystems M 125 von Hans Gugelot geschildert werden.
Die Zusammenarbeit mit Hans Gugelot erstreckte sich von 1956 bis 1965. Gugelot war damals bereits Dozent an der Hochschule für Gestaltung in Ulm, und es existierte auch eine sogenannte »erste Ausführung« des zerlegbaren Möbelsystems M 125 bei der Fa. Wohnbedarf AG in Zürich. Die Fa. Wilhelm Bofinger war eine Bau- und Möbelschreinerei, vornehmlich beschäftigt mit Innenausbau, mit ca. 12–15 Beschäftigten. Die finanziellen Möglichkeiten waren beschränkt, und große Erfahrung über serienmäßig hergestellte Möbel existierte nicht. Der Betrieb war maschinell zwar über das rein Handwerkliche hinaus relativ gut eingerichtet, aber ein Arbeitsfluß war nicht möglich; die Baulichkeiten waren in mehreren Etappen über 40 Jahre hinweg erstellt worden, und es gab weder ebenerdige Stockwerke noch einen Aufzug.

Es ist auch für den Laien leicht vorstellbar, daß die Entwicklung eines Produktes Geld kostet, angefangen vom Prototyp bis zur Serienreife des Produktes, ganz abgesehen von dem Investitionsaufwand, den eine industrielle Fertigung erfordert. Die Schwierigkeit wird dadurch noch gesteigert, daß ein schrittweises Vorgehen fast unmöglich ist; es gibt kein Zwischending zwischen industrieller und handwerklicher Fertigung. Die Kostenrechnung bestimmt den Preis, und der Markt wiederum bestimmt die Preisgrenze; und nicht alles, was gut ist und über eine bestimmte Preisschwelle hinausgreift, läßt sich verkaufen. Gott sei Dank verfügte die Firma Bofinger beim Start der Zusammenarbeit mit Hans Gugelot noch über keinerlei gründliche Erfahrungen auf diesem Gebiet, sonst wäre wohl die Zusammenarbeit nie zustandegekommen.
Es ist aber keineswegs so, daß sich der Funke Gugelot'schen Ideenreichtums unmittelbar beim ersten Zusammentreffen mit Hans Gugelot übertragen hätte. Eher das Gegenteil war der Fall: Gugelot erklärte, daß er grundsätzlich nur noch Möbelsysteme entwickeln würde und keine Einzelmöbel mehr. Da Systeme jedoch nur industriell hergestellt werden können und die betrieblichen Voraussetzungen, wie oben geschildert, bei der Fa. Bofinger überhaupt nicht gegeben waren, wirkten die Äußerungen von Hans Gugelot eher ernüchternd als begeisternd für eine künftige Liaison. Erst Kontakte zum Wohnbedarf in Zürich, der seinerzeit von Rudi Graber gegründet und geleitet worden war, bewirkten eine allmähliche Gewöhnung an den Gedanken, daß zerlegbare Möbel produzierbar und verkäuflich sein könnten. Die Idee war im Grunde faszinierend einfach und bestechend: statt der üblichen Herstellung von Kastenmöbeln, nach der man furnierte Platten auf Gehrung zusammenleimte, sollten genormte Platten miteinander horizontal und vertikal zu Kuben so verbunden werden, daß die Verbindung jederzeit wieder lösbar sein sollte.

Wenn man solche Platten in verschiedenen Größen herstellte, ließen sich auch verschieden große Kästen daraus bilden, die, nach der Idee von Gugelot, vertikal und horizontal feste Einheiten bildeten und nicht, wie bisher üblich, nur aneinandergereiht oder aufeinandergestellt wurden. Eine solche Konzeption bot natürlich eine Reihe von Vorteilen, sowohl für den Produzenten als auch für den Verbraucher:
1. Mit einem zerlegbaren Möbelsystem wurde dem Kunden ein Möbel anhand gegeben, das er je nach Bedarf verändern, reduzieren oder erweitern konnte. Die Platten wie Böden, Seiten, Rückwände etc. waren ja austauschbar.
2. Der Transport zum Kunden wurde durch die Verpackung flacher Elemente raum- und dadurch kostensparend.
3. Bei entsprechend einfacher Gestaltung der horizontalen und vertikalen Verbindungen von Platten war der Kunde in der Lage, sich die Möbel selbst zusammenzubauen oder zu ergänzen.
4. Ein solches Möbelsystem bot dem Kunden die Möglichkeit großer Flexibiliät und Anpassung an veränderte Bedürfnisse oder auch Raumverhältnisse. Durch den bloßen Ankauf von Einzelelementen wurde allen Bedürfnissen des Kunden Rechnung getragen.
5. Auch bei Beschädigungen irgendwelcher Art konnte das Teil leicht ersetzt oder ergänzt werden.

Vorteile für den Produzenten:
1. Die Fertigungsstufe »Verleimen« eines Kastens entfiel.
2. Das hierdurch bedingte Anschlagen von Fronten, wie beispielsweise Türen, entfiel, wenn solche Türen nicht mehr angeschraubt, sondern nur eingesetzt wurden.
3. Die Zwischenlagerung von Halbfertigteilen entfiel, weil mit der Herstellung einer Platte, eines Bodens oder einer Seite oder einer Türe der Arbeitsprozeß abgeschlossen war.
4. Auch die Lagerung von Fertigteilen beschränkte sich nur noch auf flache Elemente, weil die Montage zu Möbelkombinationen vor Ort, also beim Kunden, geschah.
5. Die »Nurherstellung« von Platten für ein Kastenmöbel ohne betriebsbedingten Zusammenbau konnte fast ausschließlich durch den Einsatz von Maschinen geschehen, ohne nennenswerte Handarbeit. Damit entfiel der kostspielige Einsatz von geschulten Fachkräften, die in der sogenannten »Fertigmacherei« jedem fertiggestellten Kastenmöbel nochmals »den letzten Schliff« gaben.
Unabdingbar war allerdings die Präzision. Nur sie konnte gewährleisten, daß die vorgefertigten Teile zueinander und aufeinander paßten, ohne daß sich ein zu großer »Spielraum« durch Ungenauigkeiten ergab. Wie oben schon angeführt, mußte auch die Verbindung der horizontalen und vertikalen Platten so problemlos wie möglich gestaltet werden. Eine weitere Voraussetzung, nämlich die Oberflächengestaltung, hat sich in aller Unabdingbarkeit erst später gestellt.
Von diesen Erfordernissen her gesehen war das, was der Wohnbedarf in seinen Verkaufsräumen in der Talstraße in Zürich 1956 an zerlegbaren Kombinationen von M 125 zeigte, völlig ungenügend. Die sogenannten Böden, also die horizontalen Elemente, bestanden aus Sperrholz mit einem starken allseitigen Umleimer von ca. 4 cm. Die Umleimer waren nach alter Methode auf Gehrung verleimt und repräsentierten alles andere als eine hochqualifizierte industrielle Fertigung. Die Fronten, die Schiebe- oder Flügeltüren, wurden in einen vorfabrizierten Rahmen eingesetzt, ein weiterer hoher Aufwand an Handarbeit. Alle Teile waren Esche furniert und anschließend geschliffen und lackiert. Der vertikale und horizontale Zusammenbau geschah durch vernickelte Stangen, die sichtbar in jedem Kasten auf beiden Seiten geführt wurden und gleichzeitig die Aufhängung für Fachböden und Schubladen abgaben. Äußerlich gesehen gab das damalige M 125 keinen anderen Eindruck wieder als jedes andere Kastenmöbel, abgesehen von den Grundmaßen, die damals schon auf dem Modul von 12,5 cm aufgebaut waren.

Eine industrielle Fertigung, auf dieser Konstruktion basierend, war ausgeschlossen. Sowohl Konstruktion wie Ausführung mußten gründlich überarbeitet werden, wenn eine preisgünstige Fertigung erzielt und eine Vormontage im Betrieb ausgeschlossen werden sollte. Die wesentliche Komponente, nämlich

die Austauschbarkeit von Einzelelementen, war durch die herkömmliche Form der Oberflächenbearbeitung nicht möglich. Naturholz verfärbt sich grundsätzlich unter Lichteinwirkung nach einiger Zeit, und gleichgültig, ob es sich um horizontale oder vertikale Elemente handelt, neu und alt läßt sich nicht aufeinander abstimmen oder anpassen. Es mußte also ein Lösung gefunden werden, die eine lichtechte und alterungsbeständige Oberfläche garantierte und so dem Letztverbraucher die Möglichkeit einräumte, noch nach Jahren Elemente hinzuzukaufen oder auszutauschen. Hier bot sich eine farbig lackierte Oberfläche an, die jedoch bald ähnliche Mängel aufwies wie eine furnierte Oberfläche: sie ließ sich in der Stärke nicht bestimmen. Aber dieser Nachteil war nicht sofort erkennbar. Zahlreiche Versuche mit verschiedenen Plattenmaterialien, Oberflächengestaltung und Verbindungsmöglichkeiten ergaben schließlich folgendes Resultat: die horizontalen Elemente blieben aus Sperrholz mit einem starken, ca. 4 cm breiten Einleimer. Diese horizontalen Platten wurden mit einem Furnierumleimer versehen.
Die Plattenelemente, die als Korpus-Seiten verwandt wurden, wiesen Nuten auf, in denen 4-kantige Eisenstäbe geführt wurden, die an ihrem oberen und unteren Ende Gewinde aufwiesen. Mit Schraubmuttern, welche durch vorbereitete Lochungen in die horizontalen Elemente eingeführt wurden, konnte dann der Kasten zu einem festen Ganzen zusammengeschraubt werden. Vorbereitete Nuten in den horizontalen Elementen erlaubten das Einsetzen einer Rückwand oder von Beschlagteilen für Schiebetüren oder Flügeltüren. Seiten wie Böden wurden in einem gebrochenen Weißton lackiert, und nur die Fronten waren mit teakholzähnlichem Afromosia furniert und nach dänischer Art eingeölt.

Über die einzelnen technischen Entwicklungsstufen läßt sich leichter berichten, als über die Schwierigkeiten, die sich im menschlichen Bereich einstellten. Zunächst rebellierten die geschulten Fachkräfte, über die die Fa. Bofinger seinerzeit noch verfügte. Die Herstellung von Möbeln in der vorbeschriebenen Weise war nicht nur revolutionär, sondern verletzte die Berufsehre eines erfahrenen und geschulten Schreiners, und lediglich die Anforderung an höchste Präzision (bis zu 0,5 mm Genauigkeit) bei Kreissäge und Oberfräse war noch der letzte Rest an Fachkönnen, was dem alten Schreinergesellen bei der Verarbeitung von M 125 geblieben war. Es war also nicht nur Unternehmeraufgabe, den Markt für ein zerlegbares Möbelprogramm zu erobern, sondern auch in den eigenen Reihen für eine Idee zu werben, die zunächst jedem Fachwissen zuwiderlief. Und das, wie sich herausstellte, nicht ganz zu Unrecht: das Einnuten von Senkrecht-Elementen (Seiten) erwies sich auf die Dauer als unhaltbar. Das Holz verwarf sich, wenn nicht gleich, so doch nach einiger Zeit, oder – was auch passierte – die Seite brach einfach durch. Die ersten Modelle nach dieser Konstruktion wurden auf der Interbau in Berlin 1957 vorgeführt. Es war nicht möglich gewesen, die Mustermöbel alle im Betrieb vorher zusammenzubauen, um sie auf ihre Passgenauigkeit zu prüfen und so geschah es, daß während der damalige Bundespräsident, Herr Professor Heuss, die Musterwohnung vorn betrat, in einem der hinteren Zimmer noch schnell mit einem Nagel der Passgenauigkeit nachgeholfen wurde.

Wenn bis jetzt nur über die Probleme der technischen Konstruktion und der Herstellung gesprochen worden ist, so bedeutet dies keineswegs, daß die Vermarktung von M 125 ohne profunde Schwierigkeiten, ja, sagen wir ruhig, Katastrophen, ablief . Kein Mitarbeiter der Fa. Bofinger hatte bis dahin Markterfahrung. Die ersten kläglichen Versuche, das auf der Interbau Gezeigte bei führenden Handelshäusern unterzubringen, schlugen restlos fehl. Das hatte mehrere Gründe: zunächst war die Idee, ein zerlegbares Möbelprogramm zu produzieren und anzubieten, dem einschlägigen Handel völlig fremd. Es lag also nicht »in der Luft«, wie man bei mancher Produktfindung wohl sagen kann. Dann war die farbige Oberflächengestaltung gegen den Trend. Man neigte dazu, soziales Prestige in der Wohnungseinrichtung durch wertvolle Hölzer zu demonstrieren und setzte behagliche Gemütlichkeit gegen die distanzierte graue Oberfläche.

Finanzielle Mittel, die von Bofinger für entsprechende Werbemaßnahmen hätten eingesetzt werden können, fehlten, und eine ideologische Unterstützung, wie man sie bei dem einen oder anderen größeren Möbelhändler hätte voraussetzen können, bestand nur bei ganz wenigen Avantgardisten. Was nützte es, ein Produkt zu haben, dessen Herstellungstechnik man einigermaßen beherrschte, für das man jedoch keine Aufträge erhielt? Es war mehr Verzweiflung als Begeisterung, mit der dann die Idee einer »Bofinger-Ausstellung« geboren wurde. Sie fand zum ersten Mal in Zürich statt, zeitigte jedoch fast keine Resonanz beim deutschen Möbelhandel. Erst die konsequente Durchführung einer Ausstellung im Hause Kramm in Essen brachte im Jahre 1960 den Durchbruch. Die Ausstellung wurde von einem Schweizer Mitarbeiter der Fa. Bofinger geplant und auch die gesamte Grafik dazu mit entworfen. Ein Einsatz der Werbemittel wie Plakatanschlag, Einschaltungen von Anzeigen in der Tagespresse und teilweise auch Kinowerbung wurde von dem Einrichtungshaus Kramm bezahlt. Zum ersten Mal wurde die Öffentlichkeit auf die Bofinger Produkte aufmerksam gemacht, wobei die Palette der Bofinger Produktion um die Lizenz von Laverne aus USA und einige Modelle aus der Wohnbedarf-Kollektion in Zürich, wie beispielsweise von Alvar Aalto, erweitert worden war. Diese Art des Marketings wurde dann konsequent durchgeführt. In wichtigen Städten des Bundesgebietes wurde jeweils ein bedeutender Händler gewonnen, der die Bofinger Modelle führte und nach dem Vorbild von Kramm in Essen eine Ausstellung für Bofinger durchführte.

Planung und grafische Gestaltung lagen immer beim Hause Bofinger, und die Kosten für die örtlichen Werbemaßnahmen hat jeweils das Handelshaus übernommen. Die Folgen waren fast ausschließlich eine aufgeschlossene Berichterstattung der Medien, wobei gesagt werden muß, daß sogenannte Vernissagen unter den verschiedensten Themen abgehalten worden sind, selten aber unter dem Motto »Moderne Möbel«. Themen wie elektronische Musik, Lichtbildprojektionen über Kristallisationsvorgänge, Demonstrationen für die Visualisierung von Tonschwingungen machten solche Ausstellungseröffnungen lebendig, und Redner wie der alte Bauhausmeister Johannes Itten, der die erste Bofinger Ausstellung in München eröffnete, bewirkten einen breiteren Bekanntheitsgrad in den einzelnen Käuferschichten.
Wer allerdings annimmt, daß der Bekanntheitsgrad allein genügt, um mit der Verwirklichung einer Idee Geld zu verdienen, täuscht sich. Dem Unternehmer und dem Entwerfer bleibt es vorbehalten, ständig an der Idee und an dem Produkt weiterzuarbeiten, d.h. sozusagen ununterbrochen neue Anreicherungen, Konstruktionsverbesserungen und Anpassungen des Produktes an den Markt durchzuführen. Bei dem zerlegbaren Möbelprogramm M 125 wurden schließlich die Zugstangen zu Bolzen reduziert und die Oberfläche mit Kunststoff beschichtet und nicht mehr lackiert. Die Unterbrechung der weißgrauen Fläche wurde durch eine Furnierkante erreicht, und jetzt erst kamen die Proportionen des Programmes voll zur Geltung. Die Fertigungstechnik wurde dementsprechend verbessert, und schon früh wurde auf dem Papier eine Fabrik entworfen und geplant, die ausschließlich Plattenmaterial verarbeiten sollte. Erstmals wurden elektronisch gesteuerte Maschinen für die Fertigung von M 125-Platten eingesetzt, und die simple Ausrichtung auf die Verarbeitung von Platten zeitigte natürlich zwangsläufig die Weiterentwicklung von Systemen, wie sie mit M 125 begonnen hatte.
Bis in die Anfänge der 60er Jahre hat Hans Gugelot die Bofinger Produktion inspiriert, und seine Ansätze für die Produktfindung wurden auch nach seinem Tode von Bofinger fortgeführt. Die Idee, in Systemen zu denken und größere Komplexe in Einheiten zu zerlegen, die mit einfachen Fertigungsmethoden hergestellt werden konnten, hat im Bereich des Möbelbaus zahlreiche Anhänger gefunden, und die Vielfalt heute bestehender Angebote auf diesem Sektor ist nur ein Beweis für die grundlegende Richtigkeit der Konzeption von Hans Gugelot. Sein Hauptanliegen war immer die Entwicklung von Verbindungen, weil jedes System die Zerlegung in Elemente

voraussetzt, die irgendwie wieder zusammengesetzt werden müssen. Solches analytische Denken führte ihn auch zum Modul von 12,5 cm, also dem achten Teil des Meters, mit dem der Architekt umzugehen weiß, und dessen Vielfaches fast alle die Gegenstände abdeckt, die der Mensch in einem Schrankbehältnis unterzubringen hat. Vom Buch (2 x 12,5 = 25 cm) über den Aktenordner (3 x 12,5 = 37,5 cm) bis hin zum Kleiderschrank findet ein solches Grundmaß seine Anwendung.
Und schlußendlich führt gerade dieser Modul auch zu einer ausgewogenen und harmonischen Proportion, wie es M 125 in allen seinen Kombinationen zum Ausdruck bringt. Natürlich bleibt es nicht aus, daß auch bei der besten Zusammenarbeit Reibungsflächen entstehen, sei es über die Realisation irgendeines Details, von dem der Entwerfer glaubt, es sei unumgänglich wichtig, oder um die Berücksichtigung von Bedürfnissen, wie sie der Unternehmer im Markt zu sehen glaubt. Von Hans Gugelot muß allerdings gesagt werden, daß er sich sachlichen Argumenten nie verschlossen hat und daß er jeder Überlegung zugänglich war, welche eine rationelle Fertigungsmethode und eine dadurch bedingte einfache Konstruktion ermöglichte. Er war ein Meister im Weglassen-Können und gründlich bedacht auf das Detail. Aber was gibt es mehr über ihn zu sagen, als daß seine Konzeptionen in vielfältiger Weise Nachahmung gefunden haben.

Spielmöbel-System für Kinder (1954).
Vgl. S. 82.

Wellenbereichsanzeige des »G-11-Super« (Radioempfangsgerät und Lautsprecher), der 1955 während der Deutschen Rundfunk-, Fernseh-, Phono-Ausstellung in Düsseldorf großes Aufsehen erregte. Die graphische Organisation stammt von Otl Aicher. Vgl. S. 87, 88.

Herbert Lindinger

Was hat Gugelot bewegt?

Ein leichtes Kopfnicken und ein halb gemurmeltes »ganz anständig« waren wohl das Äußerste, zu dem sich Kollegen, Freunde und Studenten Gugelots hinreißen ließen, wenn wieder einmal ein »Erlkönig‹ von ihm und seinen Mitarbeitern in einer der Werkstätten der Hochschule für Gestaltung sichtbar wurde. Es war allerdings auch das höchste Lob, das einem in Ulm zuteil werden konnte.
Die Kunsthistoriker gehen, so liest es sich in der designgeschichtlichen Literatur der letzten Jahrzehnte, doch um einiges weiter. Sie reihen Gugelot ein – wohl zu Recht – in jenen kleinen Kreis von Design-Pionieren, die unsere Vorstellungen von Gestaltung unserer technischen Umwelt in diesem Jahrhundert entscheidend geprägt haben.
Was war das Bahnbrechende an Gugelots Werk oder an seinem Wirken? Woher kamen seine Thesen,
Was hat ihn bewegt? Was bewegte er?
Vieles an seinen Entwürfen ist für jene, die mit kulturellen Entwicklungen vertraut sind, direkt ablesbar oder nachvollziehbar. Manches wird durch seine Vorträge deutlich. Vieles hätte er sicher noch schreiben wollen, wären ihm mehr als 45 Jahre vergönnt gewesen.

Gugelot war einer meiner eindrucksvollsten Lehrer an der HfG von 1955 bis 1958. Zu seinen engsten Mitarbeitern für seine Industrieprojekte gehörte ich wohl von 1956 bis 1961 und war auch in seiner Familie wohl gelitten.
Es war lange so etwas wie eine Mischung aus Freundschaft und väterlicher Zuneigung, wohl des Altersunterschieds wegen.
In seinen letzten 3 Lebensjahren waren wir Kollegen im Lehrkörper. Seine Aktivitäten begannen sich nach und nach auf sein inzwischen aus der HfG ausgegliedertes Institut zu verlagern. Die Bande wurden schwächer.
Hatte Gugelot eine eigenständige ästhetische Theorie? Gab es eine Ästhetik Gugelots?
Es sträubt sich beinahe die Feder bei dieser Formulierung. Gugelot sprach nie direkt über Ästhetik. Der Begriff »schön« wäre ihm nur im Zusammenhang mit Frauen oder Pflanzen über die Lippen gekommen. Zu sehr lieferte man sich damals mit einem solchen Vokabular dem Verdacht aus, ein Formalist, ein Kosmetiker der Umwelt zu sein.
Der eingangs erwähnte »Ulmer-Jargon« der damaligen Tage weist auch in eine andere Richtung. Gestaltung wurde eher als eine moralische Frage empfunden, denn als eine des Schönen, als eine Frage der Haltung, denn eine des Geschmacks. Ästhetik galt als eingebettet in einen umfassenden, universalen Anspruch. Eine freiere, von sozialen Zwängen und fragwürdig gewordenen Wertvorstellungen erlöste neue Lebensweise, verbunden mit einem höheren kulturellen Niveau, war das eigentliche Fernziel dieser Institution.

Frühe Prägungen

In Gesprächen kam Gugelot oft unwillkürlich auf das zurück, was ihn geprägt zu haben schien: seine Architektur-Ausbildung am Polytechnikum in Lausanne und an der ETH Zürich, seine Mitarbeit bei Max Bill in Zürich, seine Mitwirkung bei der Firma Wohnbedarf Zürich – eine Art Brennpunkt für die schweizerische Entwurfsavantgarde nach dem Kriege – und eine stille Bewunderung gegenüber seinem Landsmann Gerrit Rietveld.
Sein in Zürich im Vorentwurf konzipiertes Möbelsystem »M 125« offenbart diese Einflüsse deutlich. Der visuell akzentuierte, konstruktive Aufbau des Systems, die kompromißlose Funktionalität, aber auch die anfangs in den Stijl-Farben gehaltenen Schiebetüren bei den ersten Prototypen. Ebenso deutlich aber ist auch schon seine ihn später charakterisierende Liebe zur Konstruktion und zum technischen Detail erkennbar.

Die Interaktion von Ideen in Ulm

Es war geradezu unmöglich in diesem beinahe klösterlichen Zusammenleben auf dem Ulmer Kuberg, wo Gugelot die wichtigsten Jahre seines Lebens verbrachte, sich dem Einfluß und der Faszination der Theorien und Arbeiten der anderen zu entziehen. Von Bill nach Ulm geholt, geriet er anfangs – wie alle »Ulmer« – in den Bann des von Bill entworfenen Gebäudes. In Bills Architektur logisch weiter zu empfinden, den Innen-

ausbau daraus beziehend zu entwerfen, lag Gugelot nicht fern. Sein eigener Hang zur lapidaren Konstruktion wurde dadurch noch ausgeprägter. Der HfG-Hocker, den man Bill, Gugelot, und was die Schwalbenschwanzverbindung anbelangt, dem Leiter der Holzwerkstatt, Paul Hildinger, zuschreiben muß, macht dies deutlich.
Seine damaligen Experimente, mit einer intelligent geschnittenen Sperrholzplatte einen preiswerten, federnden Bettenrost herzustellen, zeigen schon den immer durch raffinierten Materialumgang und pfiffige Konstruktionsideen gekennzeichneten Gugelot'schen Entwurfsansatz.
Gugelot bevorzugte – auch wenn er es nicht so benannte – eine Ästhetik des Fügens, des Gebauten, des Konstruierten, des orthogonalen Raumgitters, allenfalls Körper der euklidischen Geometrie. Skulpturen mit sphärisch gekrümmten Flächen, für Bill und Zeischegg so typisch, wich er aus. Seine Vorliebe ging Hand in Hand mit seinen Aufgaben der damaligen Zeit und den damaligen technischen Konsequenzen: Kleinstserien für die Wohn- und Arbeitsräume der HfG mit dem Maschinenpark der HfG-Werkstätten und den damals preiswertesten Halbzeugen, sprich Metallprofile und Tischlerplatten. Für Rundungen und Radien war da gar kein Anlaß; sie hätten zusätzlichen Aufwand bedeutet. Vermeidbaren Aufwand in einer Zeit, in der in der Ulmer Innenstadt der Bombenschutt zwar nicht mehr auf der Straße lag, aber die Straßenfronten noch größtenteils aus Bretterbuden bestanden. Es war auch ein unbedingt zu vermeidender Aufwand für eine junge Schule, deren Finanzierung tagtäglich und Jahr für Jahr erbettelt werden mußte. So war es für Gugelot nur konsequent, diese technischen Gegebenheiten zu sublimieren. In seinen ersten Radios für Braun wird dies noch deutlicher. Als alle Radios in dunklen Hölzern mit eingelegten Goldstreifen üblich waren, mit golddurchwirkten Lautsprecherbespannungen und goldumränderten Skalen und mit mehreren Goldringen umrandete Bedienungsmittel aufwiesen, verursachten seine in Düsseldorf gezeigten Modelle bei Fachwelt und Publikum einen Schock. Dabei hatte Gugelot eigentlich nichts anderes gemacht, als die einschlägigen, bisherigen Konstruktions- und Gestaltungsvorstellungen für Radios zu ignorieren. Kompromißlos suchte er Formen, die dem mutmaßlichen täglichen Gebrauch, der Lagerung, dem Transport entsprechen und so simpel wie nur möglich herstellbar waren. Aber die Form ergab sich daraus nie automatisch. Letztlich waren es dann doch weitergehende Gestaltungsprämissen, die die Entwürfe charakterisierten: die Idee einer leicht nachvollziehbaren, konstruktiven Struktur oder Gestalt, die eindeutige, charakteristische Formung jedes Einzelteils gemäß seiner individuellen Aufgabe wie etwa Lautsprechergitter, Skalen und Bedienungsmittel, tragende Teile und deren kontrastierende Gliederung.

Die Idee vom unauffälligen, dienenden Gegenstand

Unverkennbar, schon in dieser Zeit, ein weiterer Anspruch, über den er auch oft mit seinen Mitarbeitern diskutierte: er war davon überzeugt, daß die Gerätschaften des Menschen, vom Mobiliar bis zum Werkzeug, unauffällig und dienend wirken müßten, nie expressiven Charakter aufzuweisen hätten. Die Dinge sollten zugunsten des Menschen in den zwischenmenschlichen Beziehungen im Hintergrund bleiben. Den immateriell angebotenen Service, das nicht mehr sichtbare oder zumindest miniaturisierte Objekt verfocht er oft in Diskussionen als eigentliche Aufgabe der Produktgestalter. Diese Auffassung hat sich dann konsequent die Firma Braun zu eigen gemacht. Der Zug zu repräsentationsloser Zurückhaltung ist infolgedessen auch typisch für Gugelots Arbeiten. Er ist letztlich auch Ausgangspunkt seines Abgehens von den damals bevorzugten dunklen Edelhölzern hin zum hellen Ahorn bei den ersten Radiogeräten. Natürlich wurzelte diese Gugelot'sche These auch in der grundsätzlichen Ablehnung der Prestigefunktionen an der damaligen HfG.

Gestaltungskonzeptionen und ihre Grundlagen

Das Zusammenwirken Gugelots mit seinem Kollegen, dem Grafiker Otl Aicher, bei ihrer gemeinsamen Entwicklung

eines langfristigen Gestaltungskonzepts für die Firma Braun, für deren Produkte, Werbung und Ausstellungen in den Jahren 1955 und 56, führte zu einer glücklichen Symbiose von zwei unterschiedlichen Ansprüchen: Aicher, der die umfassende, ganzheitliche Darstellung einer Unternehmensphilosophie vertrat, anstelle des Herumkurierens an Einzelfällen, und Gugelot, der den Systemcharakter der Gebrauchsfunktionen im Vordergrund sah.
Die sich vertiefende Freunschaft mit seinem Nachbarn und Kollegen Aicher bei diesem gemeinsamen Wirken für Braun führte nach meinen Beobachtungen zu einer weiteren Verfeinerung der Gugelot'schen Entwurfshaltung. Sie wird insbesondere bei dem Radio SK 4 – dem Schneewittchen – deutlich: kein willkürliches Anordnen von Details, sondern ein geradezu mathematisches Ordnungs-und Beziehungssystem der Teile untereinander, dem die Plazierung aller Elemente wie Griffe, Skalen, Schriften, Fugen, Lautsprecheröffnungen unterliegen. Eine Art unsichtbares Raster also. Aber auch Bills Essay über die »mathematische Denkweise in der Kunst«, seine Malerei und Typografie zählen zu den Wurzeln dieser neuen Gestaltungssicht.
Ein Gestaltungsprinzip für Produkte konstituierte sich hier, das nicht nur typisch für Gugelot und seine Schüler, sondern auch für die »Ulmer« allgemein und heute nicht nur im Geräte- und Maschinenbau, sondern selbst im Automobilbau zu einer Selbstverständlichkeit geworden ist. Es war insbesondere die nach dem zweiten Weltkrieg technologisch unübersehbare Zunahme von Anzeige-, Kontroll- und Bedienungselementen, die eine neue tragfähige Konzeption für die Gestaltung geradezu herausforderte.

Ästhetische Innovation = technische Innovation

Die allem Kurzlebig-Modischen reservierte Haltung »Ulm's« und die entsprechende Forderung nach Langlebigkeit einer möglichst vernünftig gestalteten, artifiziellen Umwelt führte bei Gugelot zu einem weiteren Eckpfeiler seiner persönlichen Konzeption. Er bezeichnete for-

male Innovationen an Geräten nur dann als legitim, wenn diese mit einer gebrauchstechnischen und herstellungstechnischen Neuerung verbunden waren. Das wuchs sich zwangsläufig zum Maßstab seiner eigenen Entwürfe aus.
Die heute nicht mehr vorherrschende, aber damals noch typische Ablehnung der Designer in den Konstruktionsbüros führte Gugelot zu einer Autonomie-Bestrebung gegenüber den Konstrukteuren. Er baute sich nach und nach ein eigenes Konstruktionsteam auf, um nicht ständig an dem »das geht doch nicht« der Konstrukteure mit seinen Plänen zu scheitern, denn seine Formen waren im wesentlichen durch ihre neue innere Struktur bestimmt. Es ging soweit, daß Gugelot schließlich als Voraussetzung eines Design-Studiums das Ingenieurstudium verfocht und am National Design Institute Ahmedabad in Indien probeweise durchsetzte.
Wenn Gugelot als Konstruktionsfetischist (Aicher) apostrophiert wurde, dann lag das nach meinem Empfinden nur zur Hälfte an ihm und seinem Talent. Die damaligen Umstände forderten ihn in dieser Richtung heraus.
Daß heute die Ingenieure und Konstrukteure in der Industrie den Designer als gleichberechtigten Partner akzeptiert haben, halten junge Designer vermeintlich für eine Selbstverständlichkeit. Gugelot hat dabei zweifellos den Weg mitgeebnet.
Die stärkere Hinwendung Gugelots in diesen Jahren zu den sozialen und gesellschaftlichen Auswirkungen der Umweltgestaltung ist zweifellos ein weiteres Resultat der nächtelangen, oft selbstquälerischen Auseinandersetzungen mit seinem Nachbarn.
Die raffinierte Einfachheit Gugelot'scher Entwürfe hat denn auch eine andere Wurzel, als die eines Mies van der Rohe etwa, die ausschließlich in ästhetischen Zielen gründete. Daß er in dem Designer den »Anwalt des Gebrauchers« (nicht Verbrauchers!) sah und vor allem auch mit Tomás Maldonado vehement gegen das Styling Detroiter Machart eintrat, basierte auf der Überzeugung, daß Design nicht in erster Linie ein Verkaufsinstrument, sondern eine kulturelle Notwendigkeit war.
Die »Ulmer« haben ihre Arbeit – weltfremd oder nicht – nie als Annex des Marketing, als umsatzfördernde Maßnahme der Industrie empfunden, sondern als einen neuen Ansatz, dem täglichen Leben einen höheren kulturellen Anspruch zu verleihen.

Gugelots Arbeiten als Ausdruck seiner Konzeption

Ungleich mehr als seine in Vorträgen und Seminaren vorgetragenen Thesen, wirkten diese in seinen Entwürfen selbst. Auch hier gilt im Grunde das gleiche wie bei den Theorien. Das enge Zusammenleben und Zusammenwirken auf dem Kuhberg führte zu gegenseitiger Beeinflussung und geistiger »interaction«, wie Josef Albers in seinen Gastkursen an der HfG zu sagen pflegte, die auch in die Produkte einflossen. Manchmal fällt es schwer, in einer Gruppe von Kreativen den Ursprung einer Idee zu lokalisieren. Gugelot, das scheint jedoch sicher, kommt aus der Sicht der »Ulmer« in jedem Falle das Verdienst zu, die Auffassungen der »Ulmer« am frühesten, augenfälligsten und am erfolgreichsten durch seine Industrieprodukte in die Öffentlichkeit getragen zu haben.
Gugelot war von seiner Arbeit besessen. Seine Freizeitambitionen erschöpften sich vielleicht in drei oder vier Wochenend-Skitouren im Winter und das beinahe obligate abendliche Ulmer Beisammensein mit Kollegen oder Studenten. Das erklärt auch ein wenig die erstaunliche Vielzahl von Entwürfen, die Gugelot mit nur 45 Jahren hinterließ. Ein großer Teil, wie bei den meisten Entwerfern, blieb auf dem Papier, vieles nur lediglich Prototyp, manches blieb einige Jahre auf dem Markt, weil die technische Entwicklung – etwa von eingebauten Teilen – weiterging. Doch ungewöhnlich Vieles blieb.

Langlebigkeit ist in Bereichen des Mobiliars, bei Stühlen und Tischen etwa, schon selten und verleiht den überlebenden Entwürfen dann meist den Glorienschein des »Klassikers«. In stark technisch geprägten Produktbereichen ist sie indes ungewöhnlich. Umso ungewöhnlicher, daß heute noch, nach 20 Jahren, Gugelots Kodak-»Carousel«, wenngleich mit verfeinerter innerer Mechanik und

Rasierer »Braun Sixtant« (1961), mit der damals typischen Verpackung.
Vgl. S. 109.

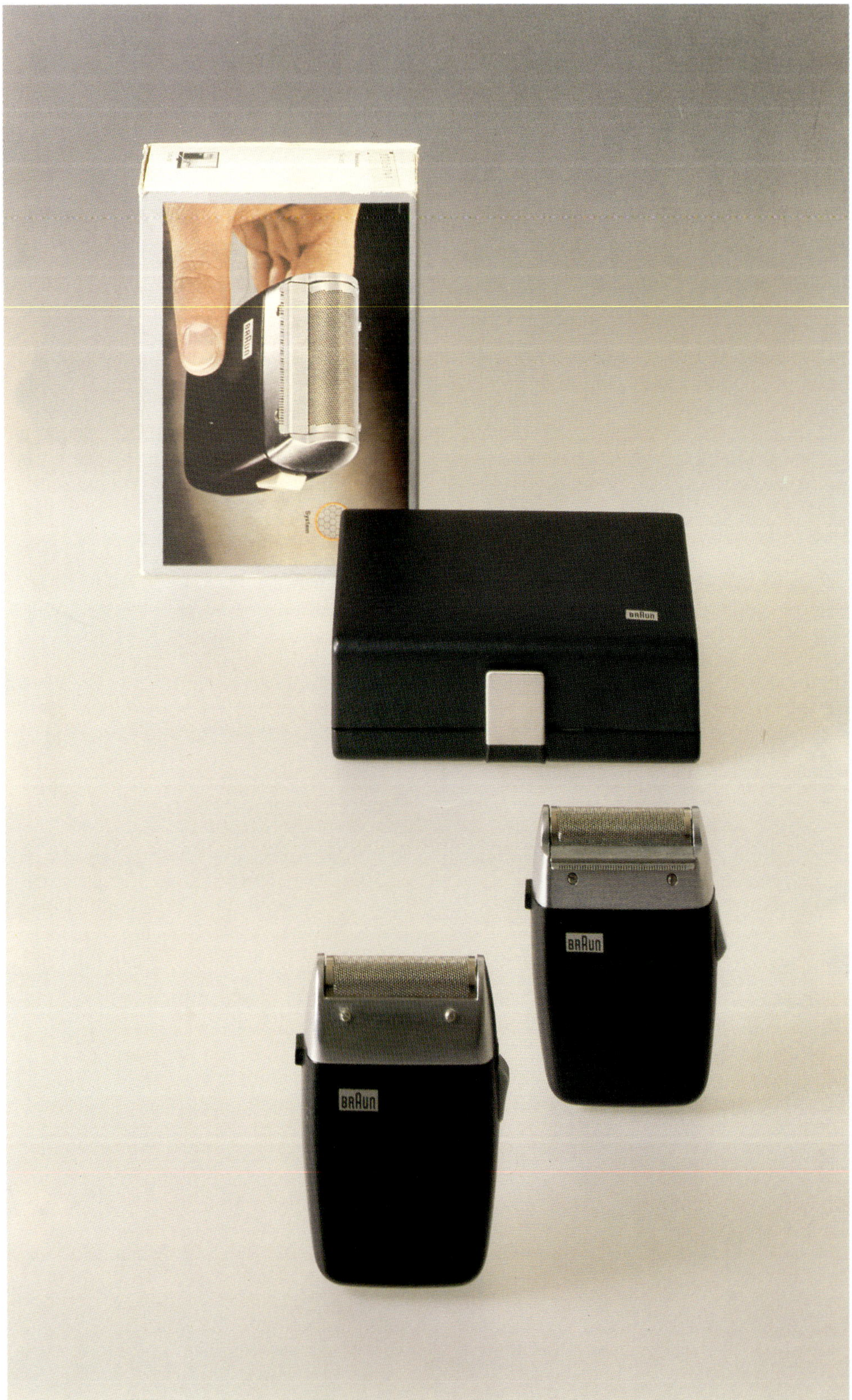

Spieltier »Gorki« (1967), in mehreren Variationen. Entwickelt von der gugelot design gmbh. Vgl. S. 132.

Optik, zu den meist verbreitetsten Diaprojektoren zählt.
In einer Zeit modischer Hektik, stürmischer technologischer Veränderungen, permanenter Produktinnovationen und Produkt »Faceliftings« im Kampf um Marktanteile ein bemerkenswerter Beweis für die Richtigkeit des Gugelot'schen Ansatzes, ja der Ulmer Philosophie als solcher.
Daß seit mehr als 20 Jahren tagtäglich hunderttausende Hamburger in U-Bahnzügen fahren, die 1959 von Gugelot und anderen Ulmern entworfen wurden, kann für sich als normal gelten. U-Bahnzüge haben eine Lebensdauer von 30 Jahren und mehr. Daß aber 1982 eine bedeutende europäische Metropole eine neue U-Bahn eröffnet mit dem nur geringfügig abgeänderten damaligen Ulmer Entwurfskonzept, vom gleichen Hersteller, müßte eigentlich angesichts der schnellebigen Zeit die Kritiker der HfG jener Tage nachdenklich stimmen.

Einige von Gugelots Entwürfen sind vom Markt verschwunden und haben dennoch eine Ausstrahlung bis heute. So z. B. der erste schwarze »sixtant« Trockenrasierer von Braun. Die Erkenntnis, daß ein sonst oft billig wirkender Kunststoff in schwarz und gebürstet auch wertvoll aussehen kann, ist Allgemeingut geworden. Das Schwarz der Braun Hifi-Geräte folgte bald und mit ihm die ganze Branche und schließlich ein allgemeiner Trend des »Profi-Looks«: eine Schreckensvision für den modischer Oberflächlichkeit abholden Gugelot.

Gugelots Lieblingswerk: das »Schneewittchen« (SK4)

Gugelot hat mit seinen Radiogeräten in völlig neuartigen Holzkonstruktionen auf der Rundfunkmesse 1955 Furore gemacht und ein Umdenken in der gesamten Branche bewirkt. Aber er selbst war damit nicht zufrieden. In seiner selbstironisierenden Weise bezeichnete er sie noch immer als »Tonmöbel«, womit zumindest für einen »Ulmer« das schlimmste gemeint sein konnte: die bürgerliche Vorliebe, im Wohnbereich technische Geräte in Möbeln zu verstecken.
Erst mit dem Radiogerät »SK4« war sich Gugelot sicher, diesen Schritt überzeugend getan zu haben. Wie so oft, mußte er diese Lösung gewissermaßen aus dem Stand entwickeln. Brauns Dr. Eichler und der bis dahin nur mit innenarchitektonischen Aufgaben beschäftigte Dieter Rams hatten im Frankfurter Werk Versuche mit einem kompakten, oben zu bedienenden Gerät angestellt. Das dabei entstandene Holzgehäuse-Konzept empfand Dr. Eichler jedoch, nach eigenem Bekunden, als so unbefriedigend, daß er es unter den Arm nahm und zu seinem Freund »Gütsch« nach Ulm fuhr. Gugelot überraschte uns am nächsten Morgen mit einer Idee, die einerseits typisch für ihn war, andererseits aber auch Kopfschütteln verursachte.
Als rundfunktechnisch kaum machbar erschien den Mitarbeitern das von Gugelot vorgeschlagene Material »Blech« als nichttragende Verkleidung des Geräts. Tatsächlich hatten hernach die Braun-Techniker bei der Präsentation des Gerätes wegen der im Gehäuse befindlichen Ferrit-Antenne große Bedenken. Typisch Gugelot hingegen wieder war die Konstruktionsidee: zwei senkrecht stehende, tragende Holzteile, zwischen die das Blech gespannt werden sollte. Seit seinem Möbelsystem »M 125« und den frühen Holzradios zieht sich diese Konstruktion wie eine »idée fixe« durch seine Entwürfe: Eine Art visueller Dramatisierung von tragenden und nichttragenden Funktionen. Typisch waren auch wieder die horizontalen Längsschlitze für die Lautsprecher in der gleichen Art wie im Holzradio »PK G« von 1955.
Mit dem Blech meinte er, endlich den bisherigen Möbelcharakter der Radios überwunden zu haben und gleichzeitig eine derart preiswerte Konstruktion gefunden zu haben, daß es ein Standardgerät auch für die weniger Betuchten werden konnte. Ein alter Wunschtraum. Wie der Leiter der Metallwerkstatt, J. Schlecker, sich heute noch erinnert, machte es größte Schwierigkeiten, in der unzulänglich eingerichteten Werkstatt ein Blech dieser Länge mit exakten Radien zu biegen. P. Hildinger baute die Holzseitenteile. An der (weißen) Farbgebung und der spärlichen Grafik für die Bedienungsteile und Skalen durfte ich mich versuchen. Zuwenig, um als Miturheber zu gelten.

Die von Braun vorgenommene Nennung von D. Rams als Miturheber bezieht sich demnach lediglich auf das dem Entwurf zugrunde gelegte ergonomische Konzept einer gemeinsamen Ebene für Plattenspieler und Radiobedienung.
Das klingt vielleicht penibel. Aber bei einem Entwurf, der Geschichte gemacht hat, zu einem Zeichen schlechthin für eine bestimmte Geisteshaltung und Zeit geworden ist, der in den wichtigsten Museen und Sammlungen und designgeschichtlichen Interpretationen seinen sicheren Platz gefunden hat und der Zentimeter für Zentimeter Gugelots geistige Etappen widerspiegelt, ist es angemessen, die Dinge auf die Goldwaage zu legen.

Gugelots Anstoß zu den Objekt-Systemen

Zu Gugelots weittragendsten Thesen gehörte zweifellos die vom Systemcharakter der Produkte oder Gebrauchsgegenstände.
Der Systemcharakter von Produkten ist heute selbstverständlich geworden. Bei den Automobilwerken etwa, die dank der Automatisierung mit 4 Grundtypen bis zu einem Dutzend PKWs mit vielfältigen Variationen herstellen, gehört die Baukasten-Technik heute zum Standard industrieller Erzeugung. Das, was als Produkt-Diversifikation bezeichnet wird, meint auf der absatzwirtschaftlichen Ebene nichts anderes.
Im Möbelbereich waren die 60er und 70er Jahre geradezu geprägt von den auftauchenden zahlreichen Möbelsystemen für Schränke, Regale und ganze Wände.
Als Gugelot 1950 sein Möbelsystem zu konzipieren begann, stand er damit völlig allein. Sicher, auch er hatte seine Vorläufer. Die sogenannte Frankfurter Küche von May und Kramer aus den 20er Jahren basiert auch auf der Idee des Baukastens, genauso wie George Nelsons Möbelsysteme von 1952, oder etwa Karnaks Leica-System von 1938. Aber keiner war bis dahin so radikal in der Reduktion des alles entscheidenden Elements gewesen. Indem Gugelot nicht nur gleichzeitig die vermutliche Gebrauchsvielfalt, sondern auch den Transport, die Lagerhaltung und die in diese Zeit für den Möbelbau sich anbahnende Plattenbauweise im Auge hatte, gelang ihm die genau richtige Definition des Elements eines solchen Systems.
Jahrelang hatte er zudem von der Weinflasche bis zum Hemd, vom Hut bis zum Koffer alles abgemessen, was in einem Schrank PLatz finden sollte und schuf ein Maß-System, mit dem alle diese Maßschritte zu erreichen waren.
In Bofinger hatte er auch endlich einen Partner gefunden, der das in Zürich für die Firma Wohnbedarf konzipierte System in Großserie herstellen wollte. Bei der ersten Fassung von 1956 für Bofinger ging Gugelot ab von den bunten Türen des Prototyps. Sie waren nun holzfurniert und die Stirnflächen des tragenden Skeletts weiß. 1957 regten wir eine Umkehrung an, als Gugelot die zu aufdringliche Holzwirkung bei größeren Wänden bedenklich fand. Die Türen waren von da an Mehlweiß, das tragende Skelett mit Holzfurnier belegt. Offene Türen rannte er damit zunächst nicht ein. Erst die nachfolgenden Schranksysteme der Konkurrenz für Wohnungen und Büros ernteten Jahre später den Erfolg aufgrund eines sich wandelnden Verbraucherbewußtseins.

Ebenso weitreichend erwies sich ein anderes Projekt aus Ulm, das Gugelot mit angeregt und betreut hat:
Es war auf einer Autobahnfahrt von Frankfurt nach Ulm im Sommer 1957. Wir kamen zurück von Braun, wo wir letzte Feinheiten an unserem gemeinsamen Entwurf für ein anspruchsvolles Radio-/Plattenspielgerät, mit dem späteren Namen »Studio 1«, bei dem zum ersten Mal die Lautsprechereinheit vom Gerät getrennt war, erörtert hatten.
Wir sprachen über weitergehende Möglichkeiten einer solchen Trennung von Funktionsteilen im Hinblick auf eine variablere Nutzung, als mir Gugelot vorschlug, eine systematische Untersuchung für einen solchen »Baukasten« als meine nun anstehende Diplomarbeit zu wählen.
Desgleichen gab es damals nicht. Lediglich eine amerikanische Firma bot ein getrenntes Empfangsteil und getrennte Verstärker an, die zudem formal nicht aufeinander abgestimmt waren.

Ohne Gugelots ständige Aufmunterung und seine intensive Betreuung, ohne sein beachtliches Wissen in der Hifi-Technik, hätte ich möglicherweise irgendwann vor diesem umfassenden Thema kapituliert. Tatsächlich stand im Sommer 1958 ein grundsätzliches Konzept. Es sah die Aufteilung vielseitig kombinierbarer Elemente wie Plattenspieler, Verstärker, Empfangsteil und Tonband vor, die langfristig auch mit Fernseher und Diaprojektor zu koppeln sein sollten.
Es schlug damals noch völlig utopische Anordnungen vor wie Wandaufhängungen und HiFi-Türme. Erwin Braun und Dr. Eichler, von Gugelot eingeladen, sahen Realisierungschancen.
Die Mitarbeit an der ersten HfG-Ausstellung unterbrach die Arbeiten. Im Spätherbst wurden sie dann als regulärer Auftrag von Gugelot und mir in der inzwischen von ihm gegründeten Entwicklungsgruppe 2 fortgesetzt.
Im Frühjahr 1959 präsentierten Gugelot und ich das Konzept mitsamt dem Modell, fotografischen Anordnungsvarianten und Konstruktionsvorschlägen in Frankfurt. Wir hörten dann lange nichts. Braun sah damals vor allem Schwierigkeiten mit dem vorgeschlagenen integrierten Tonband. Tonbandgeräte waren zu jener Zeit in stark abgerundeter oder halbovaler Form betont Einzelgerät, weil das Überspielen befürchtet wurde. Die Beziehungen zwischen Gugelot und Braun bekamen in dieser Zeit Sprünge. Seine Interessen verlagerten sich auf Dia-Projektoren und Rasierapparate für Braun.
Ab 1963 begann dann die Firma Braun einige Bausteine unserer, der allgemeinen Entwicklung weit vorausgeeilten Planung zu verwirklichen.
Heute gehören Hifi-Systeme zum Alltag.

Gugelot als Entwerfer und Lehrer

Der große Protagonist des Systemdesign war bei seiner Art zu erfinden und zu entwerfen alles andere als systematisch. Spontaneität war seine Stärke; immer mit einem hintergründigen Lächeln, das gleich in ein breites, umwerfendes Lachen wechseln konnte, wenn er merkte, daß die Idee nichts taugte; ständig war er zu kleinen Scherzen aufgelegt. Ging ihm etwas gegen den Strich, begann er auffällig zu schlucken. Er schluckte alles hinunter. Ein Aufbrausen, ein entladendes verbales Gewitter, wie es so typisch war für die »Nachbarklasse« Walter Zeischegg's, wäre ihm nie in den Sinn gekommen.
Natürlich grübelte er auch, dann jedoch auf eine seltsame Weise: den Ellbogen gerade, mittig vor sich aufgestützt, die Hand an den dafür zu kurz geschnittenen Haaren verkrallt, so als ob er sich selbst aus dem Sumpf des Zweifels herausziehen wollte. Er war nicht gerade ein großer Zeichner. 6B und große Formate lagen ihm nicht. Er zeichnete wie er schrieb, fast immer mit Kugelschreiber, klein, gelegentlich fast winzig, ganz im Gegenteil zu seiner sportlichen, athletischen Statur und Händen. Eher als Ausdruck seines ständig nach neuen Lösungen suchenden Wesens wirkten seine kurzen und schnellen Schritte mit weit vornüber gebeugtem Oberkörper.
Das alles kam bei den Studenten an. Seine humorvolle Art, man wußte, daß er nicht ganz falsch liegen konnte, angesichts seiner Erfolge in der Industrie und man konnte sicher sein, daß er im Zweifelsfall eine technische Detaillösung wußte, wenn man sich konzeptionell zu weit vorgewagt hatte.

Gugelot war ein »Macher«, ein Empiriker in erster Linie, aber einer, der ständig durch Experimentieren eine vorher ausgeklügelte These nachweisen wollte. Immer nach allem Neuen Ausschau haltend, spielte er, fast naiv, mit ihn faszinierenden Materialien, immer darauf aus, ihnen eine noch nicht entdeckte Seite abgewinnen zu können. Zwar wurde er nicht müde, den Studenten zu versichern, daß Probleme auf diesem Gebiet nur durch »Machen« zu lösen seien, aber es war auch offensichtlich, wie unmittelbar er scheinbar überzogene Theorien seiner Kollegen umzusetzen wußte.
Obwohl zum Beispiel sein Kollege Walter Zeischegg die erste theoretische Bresche für ein systematisches Entwurfsvorgehen schlug, später dann von dem englischen Gastdozenten Bruce Archer und dem Mathematiker H. Rittel systematisch vertieft, gehörte Gugelot doch mit zu den ersten, die dies in die Lehre einbrachten. So verleitete er mich schon im Sommer

1956, lange bevor die HfG als Hochburg der Design-Methodik apostrophiert wurde, bei meinem ersten Entwurf so vorzugehen. Ein an mich gelangter Brillenauftrag und zunehmende Neugier am Design waren für mich der Anlaß, von meinem Lehrer O. Aicher zu Gugelot zu wechseln. Gugelot ließ mich zunächst alles mögliche tun, nur nicht entwerfen. So mußte ich etwa Sehfelduntersuchungen anstellen, oder – der Gipfel – herausfinden, ob es so etwas wie Typen von menschlichen Augenbrauen gäbe. Noch heute existiert von diesen Studien eine Art fotografischer »Verbrecherkartei« aller damaligen Ulmer Hochschulangehörigen, einschließlich Gugelots, fein säuberlich nach Augenbrauentypen sortiert. Vollends im Widerspruch etwa zur asketischen Wirkung seiner ersten Entwürfe stand seine Vitalität und Lebensfreude, seine ausgelassene und genießerische Art, wie sie auf den wöchentlichen, berühmt-berüchtigten Festen in der Mensa-Bar zutage traten. Seiner Fröhlichkeit entsprach andererseits sein Unbehagen an allem Pathetischen. Schwer vorstellbar, wie sich Gugelot heute angesichts der anhaltenden Ausstrahlung, Lebendigkeit und Breitenwirkung seiner Ideen, seiner Arbeiten und der Wirkung seiner vielen Schüler bei einer Ehrung fühlen würde.
Solche Gelegenheiten waren ihm eher unheimlich. Er hätte sich wahrscheinlich unter einem Vorwand mit einem Lächeln empfohlen.

Hans Gugelot und Erwin Braun vor der Hochschule für Gestaltung, Ulm, im Winter 1955/56

II. Von Hans Gugelot

Vorträge:

hypothesen zur berücksichtigung des marktes bei der produktgestaltung

(Seminarvortrag, gehalten an der HfG am 28.10.1959)

ich bitte sie, dafür verständnis zu haben, dass ich heute nicht sehr tief in das problem »markt« eingehen will, und zwar aus dem einfachen grund, weil ich mich mit diesem thema sehr wenig beschäftige. ich glaube nicht einmal, dass ich in der lage bin, eine klare definition von markt zu geben. ich sehe es vielmehr heute als meine aufgabe an, ihnen etwas darüber zu erzählen, inwieweit der markt meines erachtens einfluss auf die arbeit eines gestalters haben soll, oder inwiefern die arbeit des gestalters einen einfluss auf den markt haben kann.

wir kennen natürlich ein gewisses spiel zwischen angebot und nachfrage. wir merken auch durchaus, wenn ein produkt bei der käuferschaft angekommen ist. selbstverständlich vernehmen wir es auch, und erst recht wird es uns unter die nase gerieben, wenn der produzent mit einem von uns gestalteten produkt keinen erfolg hatte. im letzteren fall bestand kein bedarf an diesem produkt. man spricht auch dann nicht von einem markt für dieses produkt, obwohl ein angebot vorlag.

wie ist es aber nun, wenn nur nachfrage da ist, jedoch kein angebot? verstehen sie mich bitte recht, ich meine nicht so einen fall, wie z. b. vor der währungsreform, wo ein bedarf an radios sehr gross, aber kein angebot da war. ich meine damit eine nachfrage nach noch unbekannten gegenständen, und so etwas gibt es nicht. man kann also nicht von vornherein sagen, ob ein für die käuferschaft noch unbekanntes produkt einen bedarf wecken wird. es ist doch irgendwie einleuchtend, dass kein bedarf für etwas vorhanden ist, das man nicht kennt.

fragen kann ich sie allerdings, z. b., ob sie bedarf an einer elektrischen zahnbürste haben, aber schon jetzt, nachdem ich ihnen diese frage stellte, haben sie alle eine gewisse vorstellung von einer solchen zahnbürste, und es ist gar nicht sicher, dass die zahnbürste, die ich für sie gestalte, genau ihren vorstellungen entsprechen wird, obwohl es jedoch durchaus möglich ist, dass einige unter ihnen bedarf an einer elektrischen zahnbürste, so wie sie sie sich nun vorstellen, haben, aber ich weiss immer noch nicht, ob sie die von mir gestaltete bürste besitzen möchten. vielleicht nicht, weil die bürste kaum ihren vorstellungen entspricht. mir bleibt nun die möglichkeit, sie zu überzeugen, dass meine zahnbürste besser ist als diejenige, die sie sich vorstellen. möglicherweise kann ich ihnen durch werbung sogar suggerieren, dass sophia loren die gleiche bürste besitzt und daher eine gute verdauung hat und sie darum auch eine solche zahnbürste unbedingt brauchen. sie sehen, ich könnte vielleicht mit leichtigkeit bei ihnen künstlich einen bedarf nach dieser von mir gestalteten zahnbürste wecken.

nun ist bedarf zu wecken so eine sache. sie ist nicht unmittelbar im aufgabenbereich des produktgestalters, sondern liegt heutzutage in den händen von klugen werbeberatern und psychologen.

packard beschreibt ein simples rezept dafür, und zwar mittels tiefenpsychologie das menschliche verhalten zu beeinflussen, und will mit hilfe sinnreicher methoden auf den verbraucher einwirken. er behauptet, dass der verkauf von erzeugnissen durch diese methode praktisch revolutioniert wird. das buch »die geheimen verführer«, welches ihnen allen bekannt sein wird, ist meines erachtens eine sammlung von tricks und finten, die er dem vertriebsmann und dem verkäufer in die hand gibt. somit wären die werbefachleute im bunde mit einer vertriebsorganisation zu verführen. ich gebe zu, dass dieser gesichtspunkt nicht ganz unwichtig erscheint, aber dennoch hoffe ich, dass packard nicht ein sogenannter geheimer verführer der designer wird.

und warum nicht? der designer, der sich mit seiner arbeit dem ganzen spiel von angebot und nachfrage unterwirft, ist nämlich nicht identisch mit einem designer, der sich damit beschäftigt, neue wege zu finden, die für die funktion des gegenstandes wichtig sind.

man kann dem gestalter kein mittel in die hand geben, womit er von vornherein bestimmen kann, ob für sein neues produkt eine nachfrage vorhanden sein wird. wenn ein produzent nicht gewillt ist, diese unsicherheit hinzunehmen, bleibt ihm nur der weg des kopierens offen. wir haben vorher gesehen, dass eine nachfrage nach noch unbekannten produkten nicht existiert. es gehört also für einen produzenten schon etwas mut dazu, ein für den markt noch unbekanntes produkt herzustellen und einzuführen. es stehen ihm zwar noch die marktforscher zur seite, aber auch diese sind wohl kaum in der lage, eine genaue prognose darüber anzustellen, ob der hersteller mit seinem produkt erfolg haben wird. die meisten fabrikanten möchten natürlich gerne ihre produkte einem nicht gesättigten markt anbieten, und wir wollen uns doch kurz damit beschäftigen, was das heisst.

ein ungesättigter markt bedeutet, dass die nachfrage grösser ist als das angebot. das angebot besteht aber, und zwar in form eines schon realisierten produktes. die nachfrage ist daher schon nach diesem bestimmten gegenstand gerichtet. schon die geringste abweichung, die der neue entwurf gegenüber dem bestehenden produkt aufweist, kann zur folge haben, dass dieser neue gegenstand von den konsumenten nicht akzeptiert wird. solche beispiele kennen wir noch und noch, aus der chemischen industrie, aus der nahrungsmittelindustrie, aber auch bei den gebrauchsgegenständen.
sie werden jedoch sicher mit mir einiggehen, dass dieser entwerfer sich auf glatteis begibt, vor allem erst recht, wenn seine arbeit nur darin bestehen soll, abzuklären, welche änderungen er an einem konkurrenzprodukt vornehmen kann, ohne die produktion seines auftraggebers zu gefährden, sogar vorzugsweise den absatz zu vergrössern. ein designer hätte meines erachtens ein anderes angebot zu machen, z. b. die anpassung des gerätes oder der maschine an den menschen. seien sie mir nicht böse, aber ich meine hiermit keineswegs die anpassung des gerätes an das prestigebedürfnis des konsumenten. die funktion des produktes, als soziales zeichen zu dienen, ist zu variabel, als dass der gestalter sie bei der gestaltung berücksichtigen soll. bei der werbung kann das produkt als prestige unter umständen ein wichtiger faktor sein. die werbung kann auch wechselnd argumentieren, während in der zeit das produkt sich nicht verändert. zugegeben, dass es

produkte gibt, deren gebrauchswert hauptsächlich im prestige liegt. ich bin aber nicht daran interessiert, solche zu entwerfen oder mich sonst damit zu beschäftigen. ich halte dies eher für die aufgabe eines kunstgewerblers.

vor wenigen jahren noch war der besitz eines kühlschrankes luxus, und schon allein der besitz eines kühlschrankes liess auf den wohlstand seines besitzers schliessen. der kühlschrank ist aber heute ein ausgesprochener massenbedarfsartikel geworden, dessen besitz kaum mehr eine aussage über die finanziellen verhältnisse seines besitzers gibt. so und ähnlich ist es wohl auch mit allen anderen gebrauchsgegenständen, nicht nur mit kühlschränken. so ist es mit telefonen, mit badewannen, mit radios usw. eine typische metamorphose macht das fernsehgerät durch. heute noch weitgehend ein soziales zeichen, und vor allem wichtig ist es dabei, dass man schon auf dem dach zeigen kann, dass man ein solches besitzt. sie können aber sicher sein, dass morgen schon der besitz eines fernsehgerätes eine ebenso grosse selbstverständlichkeit ist wie der besitz einer badewanne.

ja und sogar das reiseandenken wird seinen wert als repräsentationsgegenstand verlieren, insofern, als eine reise nach pisa oder nach rom vor 100 jahren noch etwas besonderes und mit grösserem aufwand verbundenes war als heute. der besitz eines ulmer spatzes für einen amsterdamer lässt heute ebensowenig darauf schliessen, ob er ein gesellschaftsreisender war oder ein autobesitzer. sie werden auch feststellen, dass die heute feilgebotenen reiseandenken sich effektiv noch nach den bedürfnissen des reisenden des vorigen jahrhunderts richten, sogar in paris.

ja, die heutigen erkenntnisse im sozialen wohnungsbau stammen aus den luxusvillen der 20er jahre, wie die vorhergehenden beispiele mit den badewannen, kühlschränken, elektroherden usw. bewiesen.

was wir als »luxus« bezeichnen, ist also sehr wandelbar, und was heute noch luxus ist, ist morgen massenbedarf.

die beziehungen des konsumenten zu den produkten sind, wie sie sehen, sehr mannigfaltig und von diesem gesichtspunkt aus können wir nicht verneinen, dass ein bedarf an repräsentation vorhanden ist. eine forderung nach repräsentation aber als randbedingung bei der aufgabenstellung für eine gestaltungsaufgabe mit einzubauen, erscheint mir fragwürdig. diese forderungen sind für den designer unzumutbar. jedes produkt kann zum repräsentationsgegenstand werden, ohne dass es als solcher vorgesehen ist. wenn aber von vornherein die repräsentationsfunktion mit eingeplant werden soll, ist diese bedingung unecht und wird auch, wie die praxis beweist, mit unechten mitteln erreicht.

die mehr echten beziehungen, wie vorhin erwähnt, die bei der anpassung des gerätes an den menschen eine rolle spielen, mehr in physiologischer hinsicht, treten in der aufgabenstellung neben technologischen bedingungen in den vordergrund. selbstverständlich spielen auch viele psychologische faktoren bei der aufgabenstellung eine rolle.

beim gestaltungsvorgang zeigen sich freiheitsgrade, die nach gesichtspunkten des ästhetischen empfindens entschieden werden können.

verstehen sie bitte nicht, dass hier eine reihe von subjektiven entscheidungen zu treffen sind. die ästhetischen gesichtspunkte bauen sich grossenteils ziemlich logisch auf.

viele erkenntnisse aus unserer arbeit werden von den kritikern aber nach quasi ästhetischen gesichtspunkten beurteilt. in wirklichkeit aber führten mehr rationelle überlegungen zu solchen ergebnissen.

die beziehung zwischen produkten untereinander ist eine neue erkenntnis, die meistens dazu führt, vor allem wenn es sich darum handelt, gegenstände auf ihren lagerraum abzustimmen, diesen produkten eine kantige aussenform zu geben. ja sogar die geräte, die frei im raum stehen, müssen sich irgend einer wand anpassen und so werden viele dieser gegenstände eine rechteckige form erhalten. von den kritikern wird diese mehr kantige form als besonders modern bezeichnet und es ist durchaus möglich, dass besonders »moderne« Verbraucher mit diesen »modernen« gegenständen ihre »moderne« auffassung kundtun. die tatsache, dass erkenntnisse unverstanden zu modeerscheinungen werden, wird sich häufig wiederholen.

es entsteht nun ein besonders grosser bedarf an kantigen und rechteckigen gegenständen und es dürfte ihnen aufgefallen sein, dass die neuen modelle von »fiat«, »lancia« und »mercedes« durchaus dieser richtung entsprechen, obwohl man sie kaum in einem schrank aufbewahren wird und diese form noch weniger den forderungen des tiefziehens oder der schalenbauweise gerecht wird. auch die neue star-mix-küchenmaschine hat von rund auf eckig geschaltet. der gedanke, dass dieses gerät als schubladeneinsatz oder dergleichen funktionieren sollte, wurde hier nicht aufgegriffen. die kantige form ist hier eine rein formale spielerei. ich möchte hier gerne einen ausspruch von zeischegg wiederholen, der betont hat, dass die ästhetik eine art visuelle hygiene ist. ich glaube, im grossen und ganzen kann ich diese aussage unterstreichen. ich möchte aber noch hinzufügen, dass selbstverständlich ausserdem die haptik eine ganz besonders grosse rolle spielt, und man könnte den satz insofern erweitern, dass die ästhetik eine visuelle und haptische hygiene sein kann. ästhetik ist demnach keine spielerei und obwohl banham der meinung ist, dass man sich an jeder form sattsehen kann und daher einen wechsel propagiert, glaube ich nicht, dass diese sogenannte expendability-theorie das geringste mit einer mehr logisch funktionalistischen auffassung zu tun hat. diese theorie hat es eher in sich, zu einer grotesken formalistik zu führen. in dieser hinsicht hat auch die ästhetik im positiven oder im negativen sinn mit dem spiel zwischen angebot und nachfrage zu tun.

wir haben ja vorhin die gestalter in zwei gruppen geteilt. die eine gruppe als marktgerichtete designer, die sehr in abhängigkeit von angebot und nachfrage arbeiten, und die andere gruppe mehr die forscher, die, indem sie neue wege gehen, bei der auffindung von neuen lösungsmöglichkeiten tonangebend sind. die zweite gruppe wird, wenn sie klug von einer verkaufsorganisation unterstützt wird, den markt beeinflussen können. die erste gruppe wird von dem markt beeinflusst. da sehe ich auch die gefahr der expendability-theorie.

zum schluss möchte ich noch bemerken, dass wir hier eine hochschule sind, und insbesondere eine hochschule für gestaltung. ich selbst betrachte es als lehrer nicht als meine aufgabe, designer der ersten gruppe auszubilden. ich glaube, dass das der weg ist, den auch jede andere hochschule beschreiten würde.

was ist design?

(Referat, gehalten während des World Design Congress, Tokio 1960)

die tätigkeit des gestaltens ist so alt wie die menschheit. bei den menschen der urzeit war die hand schon geeignet, gebrauchsgegenstände, werkzeuge, zu schaffen. der geist war entfaltet. mit bewusstsein, der absicht und dem willen zu gestalten, schufen sie sich die werkzeuge, die sie für ihre zwecke, die jagd und die verarbeitung der tiere anwenden konnten. das geeignetste material, das ihnen zur verfügung stand, war der harte feuerstein, den man nur mit hilfe besonderer verarbeitungsmethoden verformen konnte. im grunde genommen war dieser vorgang der anfang von »design«.

heutzutage sind die aufgaben so komplex und vielschichtig, daß sie kaum von einem menschen allein gelöst werden können, aber die art der aufgaben hat sich im laufe dieser hunderttausende von jahren nicht sehr geändert. alle geräte und maschinen sind für eine nutzbringende verwendung gedacht und gestaltet. wenn nun die gestaltung schon so alt ist wie die herstellung von gegenständen, dann erhebt sich die frage, warum die allgemeinheit sich erst seit wenigen jahrzehnten für die designproblematik interessiert, warum die ausbildung der designer erst seit einigen jahren gefördert wird, und warum es z.zt. noch so wenige ausbildungsstätten für designer gibt?

die beziehung des verbrauchers zu gebrauchsgütern war bis zum beginn der industriellen revolution, etwa bis mitte des vorigen jahrhunderts, noch anders als heutzutage. die gegenstände waren damals noch viel einfacher, nicht so komplex, und allein aus diesem grunde standen sie dem menschen viel näher.

schon ein gewöhnlicher wasserhahn ist für die meisten frauen ein buch mit sieben siegeln, ganz zu schweigen vom telefon, der nähmaschine und dem radio. sie können sie zwar alle handhaben, aber der mechanismus bleibt ihnen ein rätsel. ausserdem sind die heutigen herstellungsverfahren, im gegensatz zu denen früherer zeiten, derart kompliziert, dass man ein allgemeines verständnis nicht mehr erwarten kann.

die massenproduktion der letzten jahrzehnte hat notwendigerweise und notgedrungen eine absatzsteigerung nach sich gezogen. ich bin zwar kein marktwirtschaftler, aber ich glaube doch behaupten zu dürfen, dass unsere herstellungsmethoden sehr schwerfällig sind, d.h. dass sie sich kaum in kurzer zeit auf ein anderes produkt umstellen lassen, und dass vor allem ihre kapazität nicht so schnell und ohne ernste folgen verändert werden kann. die nachfrage kann sich viel schneller ändern, so dass sich bei unserer freien marktwirtschaft die produktion kaum nach dem natürlichen bedarf und der nachfrage richten kann. man wird allerdings versuchen, den bedarf und die nachfrage zu steuern.

die produktion lässt sich mit einer strahlungsheizung vergleichen. bei plötzlichem kälteeinbruch dauert es viele stunden, bis sich die decke erwärmt. wenn die aussentemperatur wieder sehr schnell ansteigt, so ist zuviel wärme vorhanden, denn die decke strahlt noch viele stunden lang weiter hitze aus. den bewohnern bleibt nichts anderes übrig, als die fenster zu öffnen. die decke heizt nun solange weiter, bis ein ausgleich zwischen der innen- und aussentemperatur erreicht ist. ähnliche verhältnisse lassen sich bei der beziehung zwischen massenproduktion und absatz feststellen, d.h. wenigstens solange man bereit ist, bei überproduktion von wärme die fenster aufzumachen. für die steuerung von produktion und absatz gibt es mehrere möglichkeiten. um bei dem oben erwähnten beispiel zu bleiben: man könnte z.b. den bewohnern einreden, dass sie noch mehr hitze brauchen. die marktwirtschaftler benötigen hierfür aber die werbefachleute und auch die designer. aufgabe der designer ist es dann, dafür zu sorgen, dass es dem verbraucher nicht zu heiss wird.

ich habe das spiel von angebot und nachfrage hier sehr vereinfacht, und ich möchte mich auch nicht weiter hierzu äußern, sondern ich will damit nur zeigen, daß ich mir über den zusammenhang zwischen den marktverhältnissen und der beruflichen entwicklung des industrial designers ganz klar bin. allgemein gesprochen, betrachtet der produzent – abgesehen von einigen idealistisch eingestellten produzenten – »design« als ein absatzförderndes element.

das Argument für die zusammenarbeit mit dem produzenten kann dem designer eigentlich ziemlich gleichgültig sein, vor allem, wenn es ihm gelingt, sich in einem frühen stadium des produktplanungsprozesses einzuschalten. ich glaube, gerade an diesem punkt liegt für den designer eine wirkliche chance, seine fähigkeiten zu entfalten. produktplanung bezieht sich nicht nur darauf, welches spezifische produkt hergestellt werden soll, sondern wie das produkt beschaffen sein soll, wie es funktioniert und wie es sich in die menschliche umwelt eingliedern lässt. ich betrachte dies als eine art koordinierende tätigkeit, die durch eine voruntersuchung zu den randbedingungen einer aufgabenstellung führen soll, die wiederum leitfaden für das konstruktionsteam ist. um es noch deutlicher auszudrücken: man könnte die tätigkeit mit einem slogan präzisieren: die aufgabe des designers soll darin bestehen, gute verbrauchsgüter zu gestalten, die sich produzieren lassen, statt gute produktionsgüter zu entwerfen, die verbraucht werden müssen.

der unterschied zwischen einem designer und einem ingenieur oder konstrukteur ist im grunde genommen nichts anderes als ein technisches unterscheidungsmerkmal zwischen spezialisten wie fertigungsingenieuren, konstrukteuren und physikern. der designer ist ein konstrukteur, der den menschen als teil eines systems mit einbezieht. bei der kunstgewerblichen tätigkeit spielt dieser aspekt keine rolle; denn es wird dem produkt durch stilistische mittel das letzte modische aussehen verliehen. hierin liegt nun die gefahr der heutigen designpopularisierung. und wir alle sind dieser gefahr weitgehend ausgesetzt, d. h. wenn wir in erster linie und mit allen mitteln nur unter dem aspekt der absatzförderung arbeiten wollen, und vor allem auch dann, wenn der name eines designers so populär geworden ist, dass die qualität eines produktes in den hintergrund gerät, dass also schon der name des entwerfers genügt, um dieses produkt zu verkaufen.

die mitarbeit des industrial designers wird in der steigerung des gebrauchswertes eines artikels liegen. durch seine koordinierende tätigkeit, seine konstruktive fähigkeit und seine spezialisierung auf mensch-geräte-beziehungen ist er der einzige im ganzen team, der die endgültige struktur des produktes bestimmt. ob der designer nun eine nähmaschine, ein messgerät oder einen fotoapparat bearbeitet, er betrachtet das gerät oder die maschine immer nur im zusammenhang mit dem menschen. die nähmaschine und die näherin sind beide teile eines regelkreises. der mensch ist in diesem system zwar eine konstante, aber seine spezifischen eigenschaften sind nicht konstant und das erschwert die planung. der mensch ist wenig standardisiert, er hat eine begrenzte bandbreite und eine langsame reaktionszeit, er ist sehr ungenau, und letzten endes müssen all diese eigenschaften als konstante bei dem design eines gegenstandes mit einbezogen werden. die bewegungsmöglichkeit des menschen wird nur durch die muskeln und gelenke begrenzt. aber dennoch muß man mit abweichungen bis zu 30% rechnen.

den gebrauchswert erhöhen bedeutet eine effekterhöhung, d. h. eine steigerung des wirkungsgrades. wenn man eine gleichung zwischen gebrauchswert und effekt aufstellen will, so ist auch der anschaffungsaufwand zu beachten, der in unserem wirtschaftssystem etwa mit dem preis gleichzusetzen ist. der preis setzt sich aus herstellungsaufwand, umsatz und vertrieb etc. zusammen. sozial gesehen spielt der preis eines produktes eine grosse rolle, und deshalb ist es ebenso wichtig, dass der designer dazu beiträgt, die herstellungskosten bei gleichbleibendem gebrauchswert zu verringern oder den gebrauchswert bei gleichen herstellungskosten zu erhöhen. somit übernimmt der designer eine zweifache aufgabe: den gebrauchswert zu erhöhen und bei der verringerung der herstellungskosten mitzuarbeiten.

ich vertrete nicht unbedingt die these, dass die design-tätigkeit nicht auch zur förderung des absatzes dienen kann. dies ergibt sich zwangsläufig schon aus der zweifachen aufgabenstellung eines

designers.
wenn aber der von einem designer gestaltete gegenstand sich in die menschliche umwelt eingliedern lassen soll, so muß noch ein weiterer faktor in betracht gezogen werden: die menschliche umwelt setzt sich aus gegenständen zusammen. jeder neu geschaffene gegenstand rückt in eine bestimmte beziehung zu dieser umwelt und wird ein teil derselben. diese tatsache bringt für die design-tätigkeit eine reihe von erkenntnissen, die meines erachtens bis heute noch zu wenig beachtet wurden. bis zur industrialisierung hatten wir in dieser beziehung keine spezifischen probleme. einerseits waren die fertigungsmöglichkeiten sehr beschränkt, zum anderen arbeiteten die produzenten anonymer und hatten keinen besonderen ehrgeiz, ihre schöpferische tätigkeit als eine rein persönliche leistung zu betrachten. somit waren in einem bestimmten zeitabschnitt die konstruktionsmethoden und der gestaltungswille ziemlich ausgeglichen.

diese behauptung lässt sich historisch nachweisen. es dürfte weitgehend bekannt sein, dass die kunstmaler ihre arbeit nicht als kunst, sondern als reines handwerk ansahen. im bauwesen war es ähnlich: die bauzeit war so lang, dass mehrere generationen bis zur fertigstellung an einem bauwerk arbeiteten. die qualität der leistungen war somit über lange zeitabschnitte hinweg viel gleichmässiger als heutzutage.

beziehungen, die ein mensch in seiner umwelt vorfindet, sind auch beziehungen zwischen gegenständen. zu ihnen gehören normung, passungen, baukastensysteme, gerätekomplexionen und nicht zuletzt die nachbarbeziehung zwischen produkten und geräten. diese beziehungen treten dann auf, wenn in einem überblickbaren raum zwei gegenstände in ein verhältnis zueinander gebracht werden. dieses verhältnis braucht nicht unbedingt funktionell zu sein, sondern kann auch rein formal sein, z. b. wenn möbel verschiedenster herkunft in einen raum gestellt werden, dann gehen sie eine formale beziehung ein. dies phänomen kann auch im städtebau etc. auftreten.

je mehr neue werkstoffe entwickelt werden und je komplizierter dadurch z. b. die struktur der umwelt wird, desto grösser wird die verantwortung des designers. die tätigkeit des designers kann in diesem zusammenhang mit der des städtebauers verglichen werden, dessen tätigkeit sich ursprünglich aus dem beruf des architekten entwickelt hat.

wenn man all die bisher angeführten aspekte berücksichtigt, dann ist es sehr schwierig, eine genauere definition der tätigkeit eines designers zu geben. aber nach vielen jahren praktischer tätigkeit und erfahrung auf dem gebiet des industrial design haben wir in ulm eine formulierung gefunden, die vielleicht zur klärung des berufsbildes des designers beitragen kann:

industrial design ist die gestaltung von industrie-produkten. der designer muss über kenntnisse, fähigkeiten und erfahrungen verfügen, um die produktbestimmenden faktoren zu erfassen, die gestaltungskonzeption erarbeiten und dieselbe in zusammenwirkung mit den an der produktplanung, -entwicklung und -fertigung beteiligten bis zum fertigen produkt durchführen zu können. die erkenntnisse der wissenschaften und technik dienen als grundlage für seine koordinierende entwurfstätigkeit. ziel seiner arbeit sind industrieprodukte, die der gesellschaft in kultureller und sozialer hinsicht dienen.

design als zeichen

(Vortrag, gehalten am 13.10.1962 bei dem Industrieunternehmen CEAG in Dortmund)

wenn ich heute vor die aufgabe gestellt bin, ihnen über das thema design etwas zu erzählen, so tue ich das mit einer gewissen hemmung. meine unsicherheit rührt daher, dass ich mir immer mehr bewusst werde: »design« oder »industrielle formgebung«, wie diese tätigkeit auf deutsch fälschlicherweise heisst, ist gar nicht lehrbar.

darf ich vorerst erklären, warum ich zu dem thema »design als zeichen« zunächst über die lehrbarkeit der designtätigkeit spreche. vieles, was ich heute vortragen werde, ist stark hypothetisch, und wenig davon ist direkt beweisbar. eine allgemeingültige design-theorie, die für ausbildungszwecke notwendig wäre, gibt es noch nicht. ich sage bewusst »noch« nicht: denn je nachdem, wie sich design in der zukunft entwickeln wird, wäre zum beispiel eine allgemeingültige design-theorie im sinne einer angewandten psycho-physiologie durchaus denkbar.

design, so wie wir es heute verstehen wollen, ist weder nur eine fertigkeit, die man durch stetes üben sich aneignen kann wie zum beispiel das stricken, noch kann das verfügen über einen breiten wissensstoff allein ausschlaggebend sein für die ergebnisse des designers. fertigkeit und wissen sind zwei lehrbare aspekte dieser tätigkeit. beide zusammen befähigen aber noch keinen menschen, designer zu sein. hierzu bedarf es noch einer schöpferischen fähigkeit.

auch die motive, warum design gemacht wird, sind heute noch sehr unklar: so zum beispiel sales promotion oder ästhetische gründe, rein künstlerische ambitionen oder so etwas wie ein kultureller sendungsglaube, aber auch rationalisierungs-gesichtspunkte und eine art angewandte physiologie.

erst seitdem die anthropologischen wissenschaften so sehr allgemeingut geworden sind, wie das in den letzten zehn jahren der fall war, sind einige designer eher in der lage, über ihre motive auskunft zu geben.

seien sie mir darum nicht böse, dass, was ich ihnen sage, nicht unbedingt eine internationale design-auffassung darstellt. wir haben diesen beruf, so wie wir ihn im moment ausüben, eigentlich selber erfunden und haben uns bewusst von den sogenannten reinen ästhetizisten abgesetzt, d.h. wir haben die ästhetik als alleingültige arbeitshypothese verlassen.

ich beobachte die design-jurierung, wie sie heute im kommen ist, vor allem in hannover, in basel und in mailand, mit einem gewissen misstrauen. die designjurierung schafft leitbilder nach sehr oft unverständlichen oder sogar missverständlichen gesichtspunkten. diese richter des guten geschmacks erzeugen beurteilungsmodelle – »was ist schön«, »was ist nicht schön«. hierdurch wird eine art beurteilungspraxis gefördert oder geschaffen, ein trend, eine mode. dieser trend steht natürlich einer positiven entwicklung in unserer industrie im wege. (ähnlich hemmend wirkt sich in vielen fällen die meinungsforschung aus.)

ich glaube nun deutlich zum ausdruck gebracht zu haben, dass ich bei einem designer produktive, schöpferische fähigkeit voraussetze.

eine reproduktive tätigkeit = nachahmung ist lehrbar, eine produktive = schöpferische tätigkeit ist es nicht.

sie können die bau-elemente des maschinenbaus lehren, und sie könnten eventuell, wenn es so etwas gäbe, die elemente des design lehren. die gesetzmässigkeiten kombinatorischer technik zum beispiel sind lehrbar und anwendbar. aber mit solchen kenntnissen ausgerüstet, ist es noch niemandem gelungen, ähnlich arbeitend wie ein computer, eine neue maschine zu entwickeln, eine form zu realisieren oder eine farbe zu bestimmen. hierzu braucht es eine entscheidung, und die entscheidung ist ein schöpferischer akt. ich möchte sogar so weit gehen zu behaupten, dass die entscheidung und die idee funktionell gleichbedeutend sind, und damit die hypothese aufstellen, dass jede entscheidung und jede idee auf dem gebiete der konstruktiven tätigkeit einen design-akt darstellt.

die häufigkeit der richtigen entscheidung bescheinigt die qualität des designers, und die beurteilung, ob eine entscheidung richtig oder falsch war, kann nur die zeit und die erfahrung bringen.

der kaufmann misst die qualität seiner früher getroffenen entscheidungen an seinem kommerziellen erfolg, der ingenieur an dem wirkungsgrad seiner maschine – und der formerfinder an dem masse, in dem er kopiert wird.

der designer, wie wir ihn verstehen wollen, ist aber kein reiner formerfinder. seine idee ist die lösung eines problems, dessen bedingungen von vornherein klar erfasst und erkannt worden sind. für ihn heisst das, die realisation eines regelkreises: mensch–gerät–maschine zu vollziehen.

dies klingt vielleicht sehr anspruchsvoll. aber, meine damen und herren, lassen sie mich das, was ich damit sagen will, noch etwas deutlicher ausdrücken.

der mensch unterhält mit jedem ding seiner umwelt beziehungen (bewusst oder auch unbewusst). darum sind diese dinge ein teil des menschen, sie sind ohne mensch nicht denkbar. jedes werkzeug, jedes gerät, jeder apparat usw. steht für eine urfunktion des menschen. es gibt also keinen gegenstand in unserer betrachtung, der ohne eine wechselfunktion mensch–ding sinnvoll wäre. das heisst, dass alle produkte unserer zivilisation ein komplexes gebilde darstellen, bestehend aus mensch und ding, so dass das ding als zeichen für seine funktion steht. bei dieser betrachtungsweise ist der stuhl das zeichen für sitzen und die drucktaste das zeichen für drücken, und so fort. innerhalb dieser komplexion haben beide ihr spezifisches verhalten. hierbei tritt der mensch als konstanter faktor auf mit physikalischen, anthropometrischen grössen: gewicht, kraft und masse, und mit seinen anthropologischen grössen wie konventionen, gesellschaftlicher status, prestige, usw. usw. – alle aber selbstverständlich mit erheblichen toleranzen.

ich weiss, dass ich gefahr laufe, einer anthropozentrischen auffassung bezichtigt zu werden: »der mensch das mass aller dinge«. aber wer von der produzierenden gesellschaft ist sonst bereit und in der lage, an einer »umwelt-architektur« im weiteren sinne mitzuwirken?

im trend der sich immer stärker herausbildenden spezialisierung katalogisieren wir die fachleute danach, wie sie mit den bedingungen eines ganz bestimmten fachgebietes fertig werden, so zum beispiel den physiker, den elektroniker, den chemiker usw. der designer aber könnte in diesem team die anthropologische seite aller konstruktiven problemstellungen vertreten.

wenn wir nun in unserer betrachtung auf das kommunikative verhalten innerhalb des mensch-geräte-systems etwas genauer eingehen wollen, dann müssen wir annehmen, dass in diesem system jedes produkt eine eigene physiognomie hat. ich meine, um nochmals mit dem stuhl-beispiel zu kommen, dass der stuhl das allgemein verständliche zeichen für »sitzen« ist, die drucktaste das zeichen für »drücken«, der drehknopf das zeichen für »drehen« usf. aber, meine damen und herren, probieren sie bitte selbst einmal, an jedem runden geriffelten knöpfchen eines automobil-armaturenbrettes zu drehen. bei einigen wird es ihnen gelingen, bei anderen nicht, weil sie nämlich zum drücken vorgesehen sind. (glücklicherweise sind solche bedienungsmittel meist beschriftet.) es bedarf also eines lernvorgangs und eines gewissen orientierungssinns, um sich die kunst der richtigen bedienung anzueignen.

ein produkt aber mit richtigem informationsinhalt ist ein zeichen. darum meinte ich richtig zu entscheiden, als ich die begriffe »design« und »zeichen« vereinte.

für unsere betrachtungsweise ist nun als selbstverständlich angenommen, daß der mensch die sprache der dinge versteht. dies können wir innerhalb eines geschlossenen kulturkreises auch einigermaßen voraussetzen.

das essstäbchen zum beispiel wird also bei uns nicht ohne weiteres als essgerät erkannt werden. die beurteilung durch das erkennen ist also sehr konventionsgebunden.

sehen sie doch bitte in diesem zusammenhang, meine damen und herren, wie sinnvoll in unserem sprachgebrauch zum beispiel der ausdruck »ansprechen« ist. der stuhl »spricht mich an«, ich verstehe seine sprache, sein zeichen, und er löst in mir ein erwartungsverhalten aus, welches erst dann befriedigt ist, wenn beim darauffolgenden sitzen dieser erwartung entsprochen wurde.

»ansprechen« ist das synonym für »gefallen«. ist es also nicht richtig, wenn wir annehmen, dass für das subjektive urteil – gefallen oder nicht gefallen – eine erfahrung vorausgegangen sein muss, das heisst, dass ein jedes solches urteil aufgrund einer assoziation zustande kommt?

um auch hier wieder ein beispiel zu nennen: wir alle haben eine vorliebe für bestimmte namen, wenn wir uns auch bewusst sind, dass gewisse namen ebenso eine mode-angelegenheit sind wie vieles andere auch. der grund dafür, dass wir bestimmte namen bevorzugen, liegt darin, dass 1. eine gute erfahrung mit einer gleichnamigen person gemacht wurde, oder dass 2. sie dem sprachschatz einer liebgewonnenen landschaft entstammen. diese tatsache machen sich verkaufspsychologen schon lange zunutze. namen wie »isabella«, »julietta«, »dixie« – um nur einige zu nennen – sind beispiele dafür.

diese, man kann fast sagen retrospektive urteilsweise unserer gesellschaft ist aber keineswegs ein fruchtbarer boden für neue erscheinungen, und damit lässt sich leicht erklären, warum sich auch ein neuer formgedanke nur langsam durchsetzt.

wenn ich nun vorher die behauptung aufstellte, dass sich die richtigkeit einer idee erst mit der zeit beweisen würde, so geschah das nicht ohne absicht. der kaufmann, der nach dem gradmesser des kommerziellen erfolges misst, und dies auch noch über einen kürzeren zeitraum, müsste einer form-invention recht skeptisch gegenüberstehen. und das tut er auch. was nützt es ihm, ein radio zu haben, welches erst 6 jahre nach seinem erscheinen einen kaufmännischen erfolg bringt? den erfolg braucht er sofort. also ist gut, was bei der konkurrenz – in soliden zahlen ausgedrückt – ein schlager ist.

aber in anbetracht der tatsache, dass für jedes neue produkt eine beachtliche entwicklungszeit gerechnet werden muss, könnte das solide kalkül darum ein misserfolg sein, weil durch die obsoleszenz die formvorstellung schon früher veraltet sein kann als ihre realisation.

theoretisch wäre dieses problem nun folgendermassen lösbar: wir erstellen eine modell-gesellschaft, die in ihrer entwicklung der normalen verbraucherschaft um zwei jahre voraus ist. selbstverständlich müsste diese menschengruppe dem repräsentativen querschnitt der grossen konsumgesellschaft entsprechen. sie müsste aber völlig abgetrennt, ohne jeglichen kontakt mit der konsumierenden bevölkerung leben.

eine solche modell-gesellschaft erstellen und erhalten zu wollen, ist natürlich absurd. aber die tatsache, dass es menschen gegeben hat, die in ihrem ausdruck ihrer zeit weit voraus waren – maler, bildhauer, architekten, designer – lässt sich nicht leugnen. der architekt adolf loos zum beispiel ging sogar so weit, einem seiner bauherren nach ca. zehn Jahren nochmals eine rechnung zu schreiben mit der begründung, dass, wenn er, der bauherr, seine einrichtung von einem anderen architekten hätte entwerfen lassen, sie schon längst veraltet wäre.

hätten wir nun das glück, solch einen prophezeienden menschen als designer anzutreffen, so müsste theoretisch im abstand einiger jahre eine immer grösser werdende gesellschaftsschicht als mögliche käufer seiner produkte vorhanden sein. dieser designer macht also die gleiche entwicklung durch wie bestimmte kreise einer bevölkerung, nur einige jahre früher als diese – so, wie dies bei adolf loos der fall war.

die geschichte der technik kennt viele solcher namen. und die wahrscheinlichkeit, dass es heute noch solche menschen gibt, ist sehr gross; nur die chance, sie zu erkennen, ist gering.

frau moholy nagy wies anlässlich einer design-tagung unter vorsitz des designpädagogen doblin darauf hin, dass die aufgabe dieses »erkennens« im bereich der design-schule liege. ich möchte ihr darin beipflichten. ein logischer schluss der forderung von frau moholy nagy wäre, dass der design-lehrer mindestens einmal seine eigene prophezeiende fähigkeit unter beweis gestellt haben muss. aber wer soll das nun wieder beurteilen?

in der praxis wird im allgemeinen dieses problem weniger tragisch genommen. sehr oft wird die entscheidung über form und farbe eines produktes zum anlass einer art betrieblichen gesellschaftsspiels. die spielregeln hierfür sind ebenso einfach wie einleuchtend, das heisst, je nach höhe der hierarchischen stellung in einem betrieb werden änderungsempfehlungen gemacht und durchgesetzt. unter gewissen voraussetzungen braucht das angedeutete verfahren keineswegs negativ zu sein; nur sollte sich jeder der »spieler« bewusst sein, welche verantwortung er hat und welche enormen möglichkeiten bei der funktionell-formalen gestaltung eines programms ausgenutzt – oder verpasst werden können.

um auch hier nur wieder einen gesichtspunkt hervorzuheben: ebenso wie man jeden menschen als teil einer gesellschaft sehen soll, so soll auch das produkt nie einzeln betrachtet werden. jede neuschöpfung wird auf dem markt das produktionsprogramm der betreffenden firma ergänzen. man könnte das so verstehen, dass die neuen und die alten produkte gemeinsam das firmengesicht ausmachen – vorausgesetzt, dass schon die alten produkte unter diesem gesichtspunkt entworfen worden sind.

selbstverständlich sind es nicht nur die formen und farben, welche zusammen ein solches image bilden, sondern auch die qualität, die namen, die methoden der werbung etc. je geschlossener ein firmengesicht erreicht wurde, umso stabiler fügt sich eine solche firma auf dem markt ein. die produkte werben dabei füreinander, der ruf des einen produktes überträgt sich von selbst auf das andere – und wir nützen somit auf positive weise nach einer gewissen zeit die vorurteilsfreudigkeit der konsumenten.

darum wird im allgemeinen ein isoliertes design innerhalb eines alten programms scheitern. ein gut gestaltetes produkt erscheint in einer kollektion minderwertiger produkte als fremdkörper und wirkt daher unglaubwürdig. es müssen eben alle produkte ein gleichmässiges niveau haben, und auch die werbemittel müssen sich in ihrer eigenart mit system durchsetzen können.

es verstreicht daher immer eine gewisse zeit, bis eine firma über ein erwünschtes image verfügen kann. – ist es aber in diesem zusammenhang richtig, wenn man zum beispiel einen berühmt gewordenen kühlergrill aus den dreissiger jahren vor eine breite kühleröffnung der sechziger jahre hängt?

ich bin mir auch darüber im klaren, dass man einschränkend sagen muss: ein geschaffenes image ist jeweils nur für eine bestimmte gesellschaftsschicht gültig. darum würde es auch rolls royce oder bentley kaum einfallen, unter ihrem zeichen fahrräder produzieren zu wollen.

gehen wir nun aber von der annahme aus, dass innerhalb eines produktionsprogramms durch günstige planung die produkte gegenseitig füreinander werben, dann müsste dies auch für einen grösseren rahmen gültig sein, so zum beispiel, wenn mehrere firmen sich zusammenschliessen, um ihre werbemethoden zu koordinieren und ihre produkte aufeinander abzustimmen. dass zum mindesten theoretisch die möglichkeit zu einer art kollektiv-prestige besteht, beweist die schweizer uhrenindustrie oder bewies, vor 10 jahren noch, die deutsche optische industrie. in diesen beiden fällen möchte ich sogar von einem nationalen prestige sprechen.

ein prestige kann so suggestiv sein, dass die einzelne person in der beurteilung der qualität einer ware dem vorurteil der masse unterliegt und dass sie die ursache für etwa auftretende fehler bei sich selbst sucht. sie ist nicht mehr in der lage, objektiv zu werten.

solche psychosen gibt es natürlich auf jedem gebiet: in der politik, in der kunst etc.: »diesen film muss man gesehen haben«, »jenes buch muss man gelesen haben«. kein mensch ist mehr in der lage, seine ablehnung zum ausdruck zu bringen, ohne als aussenseiter oder nichtkenner bezeichnet zu werden.

dieses gesellschaftsspiel geht so lange gut, bis die zahl der aussenseiter derart gross geworden ist, dass sich das negative urteil durchsetzt (welches dann wiederum ebenso schwer abzuschaffen ist wie das positive urteil).

ich meine, hier die deutsche photoindustrie als beispiel anführen zu dürfen – eine industrie, die in den dreissiger jahren den weltmarkt mit ihrer qualität und ihrem technischen fortschritt beherrschte, heute aber mehr und mehr unter dem druck der sich entwickelnden japanischen photo-industrie leidet, weil diese es verstanden hat, sich planmässig ein starkes prestige auf diesem gebiet zu verschaffen.

es gibt sicher noch viele gesichtspunkte und aspekte, die zu nennen wären und die bei einer allgemeinen design-tätigkeit berücksichtigt werden sollten. und obwohl zum beispiel planung sehr wichtig ist, möchte ich auch wieder nicht den eindruck erwecken, dass planung allein des problems lösung wäre. nein, à la longue sind es doch immer wieder die guten ideen, die sich durchsetzen. ich meine auch nicht, daß die design-tätigkeit mit »formgebung« gleichzusetzen ist. ich verstehe unter design eine schöpferische tätigkeit, die alle in diesem gespräch genannten gesichtspunkte berücksichtigt und trotzdem lebendig genug bleibt, um immer wieder neue gesichtspunkte zu eröffnen.

praxis des industrial design

(Vortrag, gehalten am 21.11.1962 an der Slade School of Fine Arts, London)

der erfolg der zusammenarbeit mit der industrie hängt zum grossen teil von den arbeitsmethoden eines industrial designers oder eines teams ab. an hand einer reihe von praktischen erfahrungen haben wir eine arbeitsmethode entwickelt, die in sechs etappen gegliedert werden kann.

die erste phase ist die informationsphase. dem industrial designer wird alles nötige wissen über den bereich eines produktes vermittelt. er muss genau über das produktionsprogramm der firma bescheid wissen und darüber, ob tendenzen zur intensivierung oder zur abschwächung einer bestimmten klasse von produkten bestehen. ebenso wichtig ist der vergleich mit ähnlichen produkten anderer firmen. dadurch wird eine abschätzung aller implikationen der geplanten entwurfsarbeit ermöglicht.

die zweite phase ist die analytische phase. hier muss ein gründlich arbeitender industrial designer den menschen und seine möglichkeiten in beziehung zu dem produkt stellen. hier müssen die früher gefassten theoretischen gedanken in die praxis umgesetzt werden. es ist wichtig zu wissen, welche art von personen mit dem produkt umgehen und es verwenden soll. das wissen hierüber ist deshalb unumgänglich, da solche fragen sehr oft der entscheidung einer gruppe überlassen werden, die sich aufgrund ihres status ausserhalb des bereiches befindet, in dem das produkt später gebraucht werden soll. dafür ein beispiel: die formalen aspekte eines presslufthammers, eines spezialwerkzeuges, werden immer noch bestimmt durch leute, die sich mit dem verkauf und der fertigung beschäftigen, leute also, die niemals ihr brot mit einem solchen gerät verdienen müssen. dennoch geniesst eine solche gruppe das recht, darüber zu befinden, wie dieses produkt aussehen soll. die umgebung, in der das produkt funktionieren soll, ist ein wesentlicher, bestimmender faktor des produktes. unsere untersuchung ist darauf gerichtet zu verhindern, dass ein produkt in einer ihm fremden, ausserhalb seiner späteren existenz liegenden umgebung beurteilt wird. selbstverständlich muss die funktion einer maschine, das heisst ihre konstruktion, den gestellten anforderungen genügen; denn auch die beste form kann eine mangelhafte funktion nicht kompensieren. es ist angebracht, während dieser phase die verschiedenen in frage kommenden fertigungsverfahren zu prüfen. man muss auch auf dem laufenden sein über die ungestüme entwicklung von verfahren, die zu einer vereinfachung oder verbesserung des produktes führen. die phase der analyse mündet direkt in die phase des designs.

die dritte phase ist die eigentliche entwurfsphase. hierzu gehört eine neue idee, vielleicht eine formale idee. sollte sie fehlen, so kann der industrial designer gewöhnlich nur variationen schon vorhandener ideen ausführen. absichtlich sage ich »nur«. ich halte nicht viel von solchen variationen, weil ich befürchte, dass unsere eigene arbeit ebenfalls zum gegenstand solcher modifikationen gemacht werden könnte. diese phase des gestaltungsprozesses ist für den industrial designer die beste der ganzen arbeit: hier kann er schöpferisch tätig sein.

er muß nun genau die gruppen kennen, mit denen er später zusammenarbeiten soll. gewöhnlich handelt es sich dabei um die konstruktionsabteilung der firma. diese gruppen können entscheiden, ob die ideen eines industrial designers brauchbar sind oder nicht. ein konstruktionsbüro ist in der regel eine geschlossene gruppe mit einem starren hierarchischen aufbau. ihre verhaltensregeln sind sehr streng. eine von diesen regeln beinhaltet, dass die gruppe fest daran glauben muss, dass ihre eigenen ideen die richtigen seien. diese verhaltensregeln nehmen sogar einen aggressiven zug an, und zwar in dem augenblick, wenn ideen und empfehlungen eines anderen zu beurteilen sind. vorschläge jedoch, die mit dem fertigungsverfahren zu tun haben, lassen sich in der regel leicht durchsetzen. viel schwieriger ist es, einen vorschlag über das produkt selbst durchzubringen. ich denke hierbei an empfehlungen von berufskollegen, deren hauptbegabung nicht auf dem gebiet der konstruktion liegt. das konstruktionsbüro sieht seine arbeit an dem produkt als privileg an und betrachtet vorschläge von aussen als unerwünschte eindringlinge. auf eine ähnliche haltung stossen auch die ideen des industrial designers. wenn man will, kann man immer eine barriere aufbauen. die meinungsschwierigkeiten entspringen nicht im zusammenhang mit statusfragen; sie erreichen vielmehr ihren höhepunkt bei der produktplanung. so ist es jedenfalls in der regel. nur bei einem aufgeschlossenen Management, das seine ideen mittels gemässigter diktatur durchsetzen kann, können brauchbare resultate erreicht werden. ein nicht mit diesen bedingungen vertrauter industrial designer wird schwerlich mehr als eine formale wirkung haben. seine ideen hinsichtlich der konstruktion werden aus diesem oder jenem grund beiseitegeschoben werden. alle diese hindernisse lassen sich jedoch überwinden. früher oder später einigen sich die an der entwicklungsarbeit beteiligten instanzen.

die vierte phase ist die entscheidungsphase. die ausgearbeitete lösung muss dem management der firma vorgetragen werden. das management seinerseits muss die kommerziellen möglichkeiten des produktes erwägen. ein positives urteil kann von einem verkaufschef erreicht werden, wenn er unternehmungsfreudig ist, wenn er das produkt gut verstanden hat und wenn er darauf vorbereitet ist, ein bestimmtes risiko auf sich zu nehmen. die entscheidungen der fertigungsabteilung sind viel weitreichender, da das neue produkt mit den vorhandenen fertigungsmethoden und dem vorhandenen maschinenpark hergestellt werden muss. natürlich kann unter finanziellen opfern jedes fertigungsverfahren benutzt werden; aber das wäre ja wirtschaftlicher unfug. der industrial designer muss die produktionsmöglichkeiten des unternehmens genau berücksichtigen. auf diese weise kann er relativ sicher sein, dass sein entwurf ohne drastische veränderungen verwirklicht wird. informationen und anforderungen, die nur sekundären charakter zu haben schienen, gewinnen in dieser phase ihren wahren wert. grosse schwierigkeiten können sich aus der falschen bewertung von informationen ergeben, gleich, ob dies nun bewusst oder unbewusst geschehen ist. das trifft um so mehr für den fall zu, wo bestimmte gesetzliche vorschriften die realisation oder die funktion eines produkts beeinflussen.

die fünfte phase ist die phase der kalkulation und des anpassens des produktes an die forderungen des werkes sowie an die fertigungsnormen. der industrial designer versucht hier, die allgemeine norm als orientierungspunkt für seine bemühungen zu benutzen. manchmal jedoch hat sich der standard im laufe der jahre selbst verbessert; es ist dann nicht einfach, etwas neues zu empfehlen. natürlich können die formalen aspekte eines entwurfs gefährdet werden, wenn die kalkulations- und fertigungsbüros übergewicht bekommen. da sie nicht die formalen folgen auch nur geringer veränderungen abzusehen vermögen, können diese gruppen den gewünschten charakter des entwurfs arg beeinträchtigen. der industrial designer kann das nicht einfach hinnehmen. bei einem straff geordneten produkt kann eine kleine störung oder qualitätsminderung eine grosse wirkung nach sich ziehen. nur gute beratung kann dem einen riegel vorschieben. eine andere wichtige entscheidung erhebt sich im zusammenhang mit dem werkstoff. der vorschlag der firma ist hier allgemein massgebend. ihre reiche erfahrung mit passendem material darf nicht leichthin beiseitegeschoben werden, da die verwendung eines neuen materials andererseits leicht durch einen mangel an erfahrung beeinträchtigt werden kann.

die sechste phase der designarbeit ist der modellbau. einem funktionsmodell können nützliche informationen entnommen werden hinsichtlich der frage, wo kritische grenzbelastungswerte aufgetaucht sind. weiterhin gibt das modell wichtige massstäbe für die produktionsplanung.

wie kommt es zum entwurf?

(Vortrag, gehalten am 7.11.1963 an der Volkshochschule, Ulm)

der beginn eines neuen studienjahres an der hochschule für gestaltung wurde bisher noch nie von so vielen veröffentlichungen begleitet wie in diesem jahre. so ist im kornhaus eine ausstellung mit arbeiten der studierenden der hfg und mit produkten gezeigt worden, die in den der schule angeschlossenen instituten entwickelt worden sind. ausserdem sind im rahmen der volkshochschule verschiedene referate über das thema design gehalten worden. diese referate haben sich mehr mit der geschichtlichen bedeutung und mit den gesellschaftlichen gesichtspunkten des design befasst und unternahmen es vor allem, die begriffe zu klären und die ziele zu erläutern.

mir fiel nun die aufgabe zu, ihnen darzulegen, wie es überhaupt zu einem entwurf kommt, und ich freue mich, dass es mir überlassen blieb, gerade über dieses thema zu sprechen. andererseits ist es natürlich recht schwer, die schöpferische tätigkeit, die mindestens in den augen des designers seine primäre beschäftigung darstellt, mit worten zu beschreiben.

hie und da hat jeder von uns mal eine vision, die ihm das bild einer gesuchten lösung vor augen führt. diese vision dann niederzulegen und nur noch im detail zu verfeinern, wäre die ideale form einer verwirklichung. bliebe nur noch die erfüllung eines wunschtraumes: nämlich den zeitpunkt einer solchen vision selbst zu bestimmen, also »geistesblitz mit zeitzünder«.

eine solche methode ist aber weder lehrbar – noch ist sie besonders zuverlässig. in der praxis sieht das verfahren meist anders aus.

es ist daher meines erachtens besonders günstig, dass wir dozenten durch die eigene arbeit für die industrie ständig mit der praxis konfrontiert werden, so dass wir den vorgang eines design-prozesses, wie er tagtäglich vor sich geht, analysieren können. die so gewonnenen erkenntnisse lassen sich in der zusammenarbeit mit den studenten verwerten. wir haben – genauso, wie das zum beispiel im maschinenbau der fall ist – unsere erfahrungswerte, die nicht immer wieder neu erarbeitet werden müssen. und wir wären selbstverständlich in der lage, diese in form von vorlesungen zusammenzufassen und darzubieten – wobei dann die gültigkeit solcher theoretisch vermittelten erkenntnisse noch zu beweisen wäre. hierzu lassen sich beispiele anführen wie etwa das tachometer, das rund sein muss, um die beste ablesung zu gewährleisten. jede änderung dieses konzepts würde eine verschlechterung des messinstrumentes bedeuten – auch dann, wenn eine firma wie mercedes eine solche änderung einführt. ähnlich feststehende regeln gibt es bei traggriffen, für die an sehr vielen instituten eingehende untersuchungen durchgeführt wurden. wir wissen zum beispiel auch, dass gewisse formen sich nur in einer bestimmten methode anwenden lassen und dass eine allzu grosse vermischung von formalen eigenarten zu ästhetisch unbefriedigenden lösungen führt.

das »learning by doing« ist noch immer die aktuellste methode auf unserem fachgebiet und hat den grossen vorteil, dass die studenten in ihrer arbeit alle diese erfahrungen selber machen können. sie lernen aus eigenen beobachtungen, wie bei einem bestimmten arbeitsvorgang die besten ergebnisse zu erzielen sind, und damit lernen sie es besser, als wenn wir ein designer-gesetzbuch hätten mit richtlinien und empfehlungen für erfolgreiches design.

selbstverständlich besteht auch bei unserer methode die gefahr, dass durch die praxis gewonnene erkenntnisse zu dogmen werden, dass erfahrungen zur routine führen, und dass die »handschrift des lehrers« vom schüler übernommen wird. bis zu einem gewissen grade lässt sich das auch nicht vermeiden.

es ist allgemein bekannt, dass die form eines produktes gewissermassen der ausdruck seiner funktion ist. aber auch innerhalb dieser funktion gibt es freiheitsgrade, die dem designer erlauben, nach seiner eigenen entscheidung zu handeln.

in unserer lehrtätigkeit möchten wir aber vor allem erreichen, dass die stadien im design-prozess durch den schüler erkannt werden und dass er dann bis ins kleinste detail das werden seiner sogenannten schöpfung bewusst steuern lernt.

die ergebnisse der praktischen übungen wurden in unserer schulausstellung gezeigt. wenn diese ergebnisse zu negativer kritik veranlassung gegeben haben, so wollen wir dem kritiker zugute halten, dass er die doch schon beachtliche grösse unserer schule nicht berücksichtigt hat – ebenso wie die tatsache, dass nicht alle schüler, die in der schulbank sitzen, dem lehrer unbedingt über den kopf wachsen. auch die anderen müssen zu ergebnissen kommen, das ist nun mal die aufgabe einer jeden schule. in diesem zusammenhang von stil-schema und ästhetischem konformismus zu sprechen, scheint mir absurd.

jede durch irgendwelche zusammenhänge entstandene menschliche gesellschaft hat ihre eigenarten. so ist es natürlich auch mit einer zusammenarbeitenden gruppe von menschen innerhalb einer schule. es widerspricht jeglicher erkenntnis der modernen soziologie, hierin etwas besonderes zu sehen und diese tatsache a priori als negativum zu werten. mit solcher betrachtungsweise könnte man sonst auch der stijl-bewegung zu leibe rücken, man könnte die bauhaus-gedanken angreifen, die heutzutage niemand mehr als für die zwanziger jahre nicht bedeutend abtun würde – ja, man würde jede reaktion auf jede stil-epoche bereits im status nascendi zerstören. es gäbe keine impressionisten, keinen jugendstil, keinen kubismus, keinen funktionalismus usw. usw. es gäbe aber auch keine theorie, wonach das produkt das zeichen für seine funktion ist. und das wäre doch schade.

dass jede gesellschaft ihre eigenarten hat, müssen gerade wir designer erkennen; denn dies zu berücksichtigen, macht einen wesentlichen teil unserer arbeit aus. nehmen wir zum beispiel die produzenten, die mindestens das eine gemeinsam haben: dass sie einen designer für die gestaltung ihrer produkte beauftragen. mir ist noch kein produzent begegnet, der sich hierzu unter primär kulturellen gesichtspunkten veranlasst sah. dies würde ja auch dem geist eines unternehmers völlig zuwiderlaufen. es stecken vielmehr sehr reale gründe hinter der beauftragung eines gestalters: nämlich der wunsch des unternehmers, die ökonomie seines unternehmens zu verbessern. und ich bin der meinung, dass es ein legitimes recht des unternehmers ist, diese verbesserung zu erwarten.

wir müssen uns nun in die lage des unternehmers versetzen, um festzustellen, wie in seinem speziellen falle diese erwartung gelagert ist. in den meisten fällen entschliesst sich ein solcher unternehmer dazu, ein ganz bestimmtes produkt überarbeiten zu lassen. er möchte sich selbstverständlich mit diesem produkt gegenüber der konkurrenz günstig hervorheben. vielleicht stellt er sich vor, dass das neue produkt brauchbarer sein wird oder preisgünstiger als die konkurrenzfabrikate, oder dass es durch seine formale eigenart mehr in den blickpunkt der öffentlichkeit gerät. ein solches resultat der bearbeitung kann dahin führen, dass die betreffende firma ihr ganzes erscheinungsbild zu korrigieren wünscht. immer aber wird sie zunächst mit einem produkt anfangen.

der designer sieht sich im augenblick der auftragserteilung einer völlig neuen, unbekannten situation gegenüber.
das einzige, was er weiss, ist, welchen gegenstand er gestalten soll und welchen zweck der gegenstand für den benutzer zu erfüllen hat. er kennt auch die einzelnen phasen, die ein produkt durchmacht, vom moment des konzipierens an, das heisst von dem moment an, in dem die absicht besteht, ein bestimmtes produkt zu realisieren, bis zum zeitpunkt des ausgedienthabens und der vernichtung.

er weiss aber noch nicht, wie sein produkt produziert wird, wie es verteilt werden soll, wer es benützt und wie es benützt werden wird.

hierüber, das heisst über alle diese punkte, muss sich der designer in der ersten phase gründlich orientieren. am zweckmässigsten macht er dies in der umgekehrten reihenfolge.

er wird in der ersten untersuchung den zweck und die benützung des beabsichtigten produkts eingehend betrachten und dabei eine formale vorstellung für den zu realisierenden gegenstand bewusst unterdrücken. hierzu ist es notwendig, sich diejenigen gegenstände zu beschaffen oder anzusehen, die für gleiche oder ähnliche zweckerfüllung gedacht sind. wenn es sich um gegenstände des täglichen gebrauchs handelt, ist anzunehmen, dass der entwerfer seine erfahrungen mit ähnlichen, bereits vorhandenen produkten verwerten kann.

er wird sich ein bild davon machen müssen, welche menschengruppen für das neue produkt verwendung haben werden. er wird sich auch darüber klar werden müssen, wie gross die abweichung von bisher bekannten gegenständen ähnlicher art sein darf, damit der spätere benützer das neue produkt für den gedachten zweck noch akzeptiert. hierbei spielen gewisse konventionen der gesellschaft eine grosse rolle.

letztes jahr wurde vom fachverband der braunkohlenbrikett-hersteller ein wettbewerb veranstaltet mit dem zweck, entwürfe für zimmeröfen zu erhalten. meines wissens gab es viele einsendungen, und einige prämiierte entwürfe werden jetzt dem publikum zur engeren wahl vorgelegt. – anfänglich schien es der zweck dieser veranstaltung, herauszufinden, wie ein ofen im jahre 1963 aussehen kann. bei näherer betrachtung der eingegangenen entwürfe musste man jedoch feststellen, dass nur wenige der zeitgenossen, die noch nicht mit der konvention des bisherigen ofens gebrochen haben, in den vorgelegten entwürfen einen ofen erkannten. diese tatsache mag die veranstalter des wettbewerbs dazu veranlasst haben, einen zweiten wettbewerb unter potentiellen ofenbenützern zu veranstalten mit dem zweck, herauszufinden, welcher von den entwürfen nun doch als ofen erkannt wird. – einige in dem wettbewerb nicht preisgekrönte designer streiten sich ebenfalls herum, wie nun eigentlich der superofen aussieht.

sie sehen, meine damen und herren, dass der phase der information sehr grosse bedeutung zukommt, wenn sie als designer wert darauf legen – oder es zum mindesten nicht als eine schande betrachten –, dass ihr produkt später realisiert wird. ich setze voraus, dass zum beispiel der ofen-designer sich darüber im klaren sein muss, wie gross die einfüllöffnung zu bemessen ist, damit der ofen die vom wettbewerbsveranstalter produzierten briketts aufnehmen kann. oder wie wollen sie einen reservekanister für auto-öle entwerfen, wenn sie nicht wissen, wie der öl-einfüllstutzen bei den verschiedenen automobilen beschaffen ist? wie wollen sie eine küchenmaschine entwerfen, wenn sie nicht wissen, für welche nahrungsmittelzubereitung sie dient, wie hoch die arbeitsfläche in der küche ist und wo die maschine nach dem gebrauch abgestellt werden kann? denn es gibt bei unserer untersuchung nicht nur eine primäre beziehung zwischen dem menschen und dem produkt, sondern auch eine solche zwischen dem produkt und seiner gegenständlichen umgebung.

vielleicht mag es im ersten moment nicht einleuchtend sein, dass ich auch die art der verteilung, das heisst also den weg, den das fertige produkt von der herstellung bis zum konsumenten zurücklegt, in meine betrachtungen einbeziehen möchte. aber einige beispiele aus unserer bisherigen tätigkeit mögen zur näheren erläuterung dienen.

vor jahren machten wir den entwurf für einen automatischen kleinbild-projektor. das typische an diesem gerät war, dass es ohne magazin arbeitete. die dias wurden hinten am gerät flach aufeinandergestapelt und durch einen schieber in eine horizontale bildbühne gebracht. die lichtoptik war vertikal angeordnet und der strahlengang nach dem dia durch einen spiegel umgelenkt, so dass die projektions-optik in der bisher gewohnten anordnung verbleiben konnte. der dia-wechsel erfolgte dadurch, dass das neue dia das alte aus der bühne schob, welches dann in einem kleinen schacht zu liegen kam. eine solche anordnung ermöglicht eine extrem kleine bauweise und eine verblüffend einfache mechanik.

dieses gerät nun wurde dem grosshandel

vorgestellt, und die ablehnung erfolgte mit der begründung, dass jeder, der sich bis heute einen magazin-projektor angeschafft hat, weiterhin als potentieller käufer für magazine betrachtet werden kann. unser projektor hingegen arbeitet ohne magazin, was vom vertrieb her als erheblicher nachteil angesehen wurde.

es gibt aber auch andere gründe, die es notwendig erscheinen lassen, die art der verteilung genauer zu untersuchen. so kann es zum beispiel der versand erfordern, ein produkt zerlegbar zu machen, um dadurch lagerraum zu sparen und die verpackung zu vereinfachen. andere produkte wieder werden durch warenautomaten verteilt, was ganz andere anforderungen an ein produkt stellt. und möbel wiederum müssen so beschaffen sein, dass sie z. b. durch zimmertüren gehen.

die spielmöbel, die ich für die firma grünzig vor vielen jahren entworfen habe, bestehen aus einer gruppe von einzelelementen wie einem kubus, einem kleinen u und einem flachen brett. diese elemente kann das kind stapeln und kann damit ein kleines theater bauen, einen verkaufsladen, einen arbeitstisch einrichten, und manches andere, was es sich wünscht. es ist klar, dass die einzelnen elemente eine sinnvolle grösse haben müssen, damit das kind darauf sitzen oder zum beispiel in den kuben seine bücher und sein spielzeug lagern kann. für den versand jedoch gelten andere gesichtspunkte. und so ergaben sich vom gebrauch und von der verteilung her diametral einander entgegenstehende bedingungen: für das kind mussten die kuben aufeinandergestellt werden können, während sie vom verteil-aspekt her hätten pyramidenstumpf-ähnliche gebilde sein sollen, die ineinanderpassen. ich habe in diesem falle das kind bevorzugt.

mir wurde sehr oft der vorwurf gemacht, dass ich das schrankproblem mit hilfe eines baukastens zu lösen versuchte, da es doch den benutzer nicht interessiert, dass sich sein kleiderschrank in einzelne platten zerlegen lässt – dies umso weniger, wenn er bei einem späteren umzug den schrank nicht zerlegen möchte, um damit seine kleider besser transportieren zu können. andererseits ist es aber eben doch ein grosser vorteil, wenn sich die verschiedenen schrankmodelle, in ihre elemente zerlegt, beim händler besser, billiger und infolgedessen in grösserer auswahl lagern und verteilen lassen. (dass durch diese methode eine grössere variabilität der benutzung möglich ist und ein vereinfachtes produktionsverfahren, möchte ich in diesem zusammenhang noch nicht einmal erwähnen.)

...

es gab schon viele wertvolle gedanken und vorstellungen für gegenstände, deren verwirklichung nur daran gescheitert ist, dass sie sich nach dem heutigen stand der verfahrenstechnik nicht erzeugen liessen. bevor wir an die eigentliche entwurfsarbeit gehen, ist es daher unerlässlich, die produktionsmöglichkeiten unseres auftraggebers genau zu studieren.

gerade bei der wahl der werkstoffe scheint es mir fast unumgänglich, die empfehlungen der zu beratenden firma zu beachten. insbesondere die reiche erfahrung mit der verarbeitung bestimmter materialien, die die firma nun mal hat, kann uns bei der späteren fertigung manche enttäuschung ersparen. dabei gibt es ganz verschiedenartig gelagerte produktionsvoraussetzungen. so gibt es eine anzahl von firmen, die in der verarbeitung vom rohmaterial bis zum fertigen produkt eine art perfekter autarkie erreicht haben. andere firmen wieder beschränken sich mehr auf die montage und auf die dazugehörige bearbeitung der halbzeuge und der vorgefertigten teile.

ich weiss nun nicht, welche von den beiden voraussetzungen ich für die zusammenarbeit mit einem designer günstiger nennen soll. eins ist aber sicher: die firma, die über eine eigene halbzeug- und vorfertigung verfügt, wird ihre wünsche bei der werkstoffwahl und bei der festlegung des dazugehörigen produktionsverfahrens mit mehr nachdruck zur geltung bringen. auf jeden fall verfügt sie im allgemeinen über die betreffenden fachleute im eigenen hause, was für die koordination und für das gute gelingen des produktes in der fabrikation bestimmt von vorteil ist – vorausgesetzt, die geschäftsleitung ist befähigt und in der lage, die bei einer zusammenarbeit verschiedenartiger personengruppen fast immer auftretenden schwierigkeiten zu überbrücken. unter dieser voraussetzung wird die arbeit des designers – das heisst des frei schaffenden designers – erheblich vereinfacht. im allgemeinen haben jedoch solche firmen eine gewisse grösse, so dass es sich für sie unter umständen lohnt, einen werkseigenen designer einzustellen, der dann seinerseits die notwendige koordination – auch mit der kaufmännischen abteilung – mit zu übernehmen hätte.

die anders gelagerten betriebe, die primär montage ausführen, arbeiten hauptsächlich mit zulieferanten für halbzeuge und vorgefertigte teile. solche betriebe dürften heute gegenüber den vorher geschilderten unternehmungen schon in der mehrzahl sein, denn die schnelle weiterentwicklung vor allem der verfahrenstechnik lässt es oft ratsam erscheinen, einen grossen teil der vorfertigung nicht mehr im eigenen betrieb durchzuführen, sondern die teile von zulieferanten zu beziehen, um auf diese weise grössere dispositionsfreiheit zu erhalten. dabei sind mir sogar einige fälle bekannt, wo ausserdem auch noch kalkulatorisch nachgewiesen wurde, dass der zulieferant billiger arbeitet als die eigene vorfertigung. so hat etwa eine radiofabrik mit eigener röhrenfertigung bei der umstellung auf transistor-technik weitaus einschneidendere umdispositionen vorzunehmen als das montage-werk, das sofort vom augenblick der umstellung an statt röhren von telefunken oder philips nun transistoren in japan einkaufen kann – das heisst da, wo es sie am billigsten bekommt. andererseits ist das montage-werk natürlich in einer gewissen abhängigkeit bezüglich neuentwicklungen auf dem zuliefer-sektor.

wie sehr eine eigene, grosszügig angelegte produktionsanlage die produktion eines neuen gegenstandes geradezu ungünstig bestimmen kann, mag folgendes beispiel erläutern.

eine grosse nähmaschinenfabrik hat vor einigen jahren ihre neueste maschine in grauguss geplant, weil sie über eine moderne, extrem grosse und mit allen raffinessen ausgestattete sandgussfertigung verfügte. solche in grauguss hergestellten maschinenständer müssen aber nachträglich geschliffen und verputzt werden und verlangen eine lackoberfläche, die mit ihrer struktur die ungenauigkeiten, die dieses gussverfahren mit sich bringt, buchstäblich vertuscht. dabei ist zu bedenken, dass jeder konstrukteur andererseits bestrebt sein muss, bei neuen produkten möglichst viele arbeitsgänge einzusparen und vor allem handarbeit auf ein minimum zu reduzieren.

durch das zuliefersystem sind dem entwerfer zwar mehr freiheiten gegeben, vor allem in bezug auf die materialwahl. es bedarf jedoch erheblich größeren organisatorischen aufwandes, ein neues produkt in seiner ganzen komplexität zu erfassen, und es kann vorkommen, dass es sich im allerletzten moment um eine kleine dichtung handelt, deren beschaffung alle termine über den haufen wirft.

dazu möchte ich noch von einer erfahrung berichten, die der entwerfer häufig machen wird und die dazu angetan ist, ihm viel kopfzerbrechen zu verursachen.

es ist bekannt, dass die meisten werkzeugbauer ihre höchstpersönliche ansicht vertreten bei der gestaltung der werkzeuge. natürlich können diese fachleute auf eine sehr grosse erfahrung zurückblicken. jedoch ist die besagte erfahrung kaum bei zwei fachleuten verschiedener firmen völlig gleich.

nun kann die gestaltung der werkzeuge unter umständen ein produkt formal sehr stark mitbestimmen. wenn also mehrere zulieferanten bei der kalkulation eines einzelnen teiles in konkurrenz stehen, kann es passieren, dass der entwerfer für jeden einzelnen dieser zulieferanten nach dessen empfehlungen das fragliche bauteil verändern und immer wieder neu entwerfen muss. abgesehen von einigen grundregeln, die dem entwerfer geläufig sein müssen – dass nämlich gewisse formen im werkzeugbau leichter zu erzeugen sind als andere –, gibt es doch bei komplizierteren werkzeugen eine unzahl von variationsmöglichkeiten, die von fall zu fall verschieden gelöst werden.

man ist vielfach der meinung, dass die kunststoffe sich in jede form zwingen lassen wie etwa beim spritzguss. trotzdem darf man nicht ausser acht lassen, dass von der werkzeugseite her ein rotationskörper viel billiger und präziser herzustellen ist als jede andere form.
das heisst, dass also auch im kunststoff jedes runde teil günstiger ist.

es ist also nicht damit getan festzustellen, dass der werkstoff die form der dinge stark bestimmt – so wie zum beispiel ein stahlfenster feingliedriger ist als ein holzfenster. ich würde sagen, dass es auf viel komplexere und feinere einzelheiten ankommt, deren vielzahl ich gar nicht nennen kann.

und schliesslich gibt es noch eine menge gesetzlicher bestimmungen, die zu kennen von vornherein manchen fehlschlag bei der entwicklung eines produktes vermeiden kann.

jedenfalls ist sicher, dass erst die informationen, die wir durch die untersuchung der drei produktstadien nutzung – verteilung – herstellung erhalten haben, nun erlauben, uns gedanken darüber zu machen, wie das produkt funktionieren und wie es aussehen soll.

meine damen und herren, erst jetzt kommen wir zum eigentlichen entwurf. das heisst, der designer ist von nun an auf sein vorstellungsvermögen angewiesen.

es ist der wunschtraum manchen designers, durch ein neues konzept die welt zu verblüffen und seinen namen und seine person mit dieser invention untrennbar verknüpft zu wissen. diese tendenz wird noch durch eine menge fachzeitschriften unterstützt, die, um ihre seiten zu füllen, auf jeden beitrag angewiesen sind – auch auf die veröffentlichung nicht prämiierter und nicht realisierter entwürfe. solche publikationen haben andererseits zur folge, dass viele entwerfer sich aus den heften inspirieren lassen.

es wird also einerseits durch solche kommunikationsmittel eine qualitätssteigerung erreicht, andererseits aber eine nivellierung. es gibt nur wenige designer, die sich aus einem trend befreien und etwas völlig neues machen. und dieses neue wird dann unweigerlich wieder zum massstab eines neuen trends.

es verhält sich hier also nicht viel anders als bei anderen kommunikationsmitteln. und ganz deutlich zeigt dies zum beispiel die schallplatten-industrie mit ihrer in dieser hinsicht besonders starken auswirkung. ob es sich um einen pat boone- oder um den elvis presley-boom handelt: überall wird kopiert und überall wird nachgeahmt. dennoch wird kaum einer von uns auf die musik aus der konserve verzichten, weil sie eben auch die qualitätsansprüche auf darbietung erheblich gesteigert hat. mit ihrer hilfe kann sich jeder heute einen yehudi menuhin im wohnzimmer leisten, und der fünftklassige geiger muss sich nach einem anderen beruf umsehen – oder aber seine qualität entsprechend verbessern.

hugh panacier hat behauptet, dass die neue musik, das heisst die entwicklung der jazz-musik, nur möglich war durch die verbreitung der schallplatte. und da es sich beim design auch um eine neue form der äusserung handelt, wäre denkbar, dass sie ebenso einer verbreitung bedarf, und dass die design-zeitschriften das ihre dazu beitragen. in der architektur hat sich diese entwicklung schon weitgehend vollzogen.

bei oberflächlicher betrachtung handelt es sich bei uns immer um »the look of things«. unsere gegenständliche umwelt ändert sich unentwegt, denn ein gegenstand ist nur immer so lange gut genug, bis er durch einen besseren ersetzt wird. dieser ständige wechsel beeinflusst natürlich unsere betrachtungsweise und unser urteil.

oft verschwinden aus wirtschaftlichen überlegungen dinge aus unserer umwelt, die bis dahin durch ihr erscheinungsbild unsere vorstellungen geprägt haben. so hat die deutsche bundesbahn ausgerechnet, dass die elektrifizierung der schwarzwald-strecke teurer sein würde als der austausch aller noch existierenden dampflokomotiven gegen neue diesel-loks. es könnte also sein, dass die bundesbahn sich entschliesst, diesen austausch vorzuziehen. und das würde das ende der dampflok bedeuten, die noch heute – auch für unsere kinder – weitgehend die vorstellung einer lokomotive repräsentiert. die kommende generation jedoch wird dann wahrscheinlich nie mehr gelegenheit haben, eine dampflok zu sehen – ausser im museum, und bei ihr wird das wort »lokomotive« eine völlig andere vorstellung erzeugen.

wie stark neue entwicklungen durch bisherige vorstellungen beeinflusst und geprägt werden, ist am beispiel der ersten e-lok (1904 auf der versuchsstrecke seebach–wettingen) deutlich zu sehen: sie hat noch sehr stark das aussehen einer dampflokomotive.

so und ähnlich verändern und entwickeln sich alle gegenstände unserer umwelt. und unter diesem gesichtspunkt wird deutlich, wie zwar kaufmännisch verständlich, aber in der sache absurd der anfangs erwähnte zimmerofen-test ist. hierbei ist es, um das noch einmal zu wiederholen, für den designer ausserordentlich wichtig zu wissen, wie gross der sprung zum neuen und die abweichung vom bisher bekannten sein darf, damit ein entwurf noch realisierbar ist – auch wenn dieser sprung für den designer persönlich viel grösser sein könnte. es bleiben ihm also zwei möglichkeiten: entweder wird er, wenn er in der lage ist, die entwicklung auf weite sicht hin zu überblicken, wahrscheinlich – ähnlich wie jules verne – die realisierung seiner gedanken gar nicht mehr erleben. oder aber – und das ist die zweite möglichkeit – er beteiligt sich durch realisierbare entwürfe aktiv an einer wirklichen weiterentwicklung.

ich habe mich schon oft gefragt, ob und inwieweit unsere heutigen gebrauchsgüter die antiquitäten von morgen sein könnten. ich würde sagen, dass dies für manche unserer geräte zutreffen mag, für die meisten aber nicht. in diesem zusammenhang interessiert natürlich die frage, nach welchem gesichtspunkt ein gegenstand nach mehreren jahren eine art seltenheitswert bekommt. vielleicht geben uns beispiele aus der vergangenheit einige hinweise.

in amerika werden heutzutage höchstpreise für den ford model T bezahlt. auch der auburn aus den 30er jahren und der cord sind beliebt. in europa sind es die automarken bugatti, horch, maybach, bmw-dixie, bentley und wenige andere, die bei den sammlern begehrt sind. bei den möbeln sind es die modelle von corbusier, riedveld und thonet, die etwa aus der gleichen epoche stammen wie die genannten autos.

bei näherer betrachtung dieser beispiele wird man feststellen, dass sie in allen fällen das ergebnis einer pionierleistung, meist sogar eines einzelnen oder einer ganz kleinen gruppe von menschen sind, deren fortschrittliche und originelle ideen in ihren produkten realisiert wurden. keineswegs aber handelt es sich um resultate, die auf dem wege des kopierens und nachahmens entstanden sind.

vielleicht ist es daher verständlich, dass in manchen zeitgenössischen designhäuptern noch ein leonardo herumgeistert. die gesammelten werke seiner nachfolger können in münchen im patentamt eingesehen werden – übrigens gar keine schlechte methode, um sich über den stand der neuheiten zu orientieren. es wird aber in den seltensten fällen vom designer eine patentfähige idee erwartet, sondern der entwurf für ein produkt, dessen formale eigenart der funktion entspricht. ebenso erwartet man von ihm, dass er sich bewusst ist, welche verantwortung er trägt, indem er die gestalt eines gegenstandes bestimmt, der nachher in vielen zehntausenden von exemplaren produziert werden soll.

wie nun der designer zu einer bestimmten vorstellung, zu einer idee kommt, ist leider nicht genauer definierbar. die ganze kunst besteht vielleicht darin, sich so gut vorzubereiten, dass die wahrscheinlichkeit eines einfalls sehr gefördert wird. in den meisten fällen werden sich durch derartig gründliche vorbereitung sogar mehrere lösungsmöglichkeiten für eine aufgabe abzeichnen. und eine ernsthafte analyse der einzelnen möglichkeiten – wobei die jeweiligen vor- und nachteile abzuwägen sind – muss mehr oder weniger grosse übereinstimmung mit den aus der voruntersuchung erhaltenen bedingungen ergeben.

ich möchte nicht verschweigen, dass ich fast jeden entwurf als einen kompromiss betrachte. man wird kaum je in der lage sein, jeder der gestellten bedingungen in vollem umfang zu entsprechen, zumindest bei etwas komplexeren produkten. die berühmte nähnadel, die angeblich nicht zu verbessern ist, können wir für diese betrachtung ruhig mit einbeziehen. den faden durchs nadelöhr zu führen, ist nicht jedermanns sache, und die nähnadel könnte meiner meinung nach ruhig verbessert werden. auch sie ist nur ein kompromiss.

es gibt aber so etwas wie einen optimalen kompromiss – und der ist es, den wir mit unserem entwurf anstreben. auch der optimale kompromiss jedoch ist gekennzeichnet durch die subjektive wertung des designers. ebenso ist die beurteilung von »designten« produkten durch juroren, die heute fast auf jeder messe anzutreffen sind, wegen der auch unter juroren verbreiteten subjektivität höchst problematisch. (nebenbei bemerkt, gilt dies ganz gewiss auch für die beurteilung von studentenarbeiten durch dozenten.)

wenn hingegen eine design-situation durch eine grössere gruppe von menschen beurteilt wird, zeigt sich wieder die nivellierende wirkung der masse. das kann sich in der praxis sehr unangenehm auswirken, wenn zum beispiel ein entwurf in einem frühen stadium einem auftraggeber zur beurteilung vorgelegt wird, der die halbe fabrik zu rate zieht.
das ergebnis einer solchen tagung ist grauer durchschnitt.

wie und in welcher form stellen wir nun unseren entwurf zum ersten mal dem auftraggeber vor? das ist von fall zu fall verschieden. ich würde sagen: je kompletter und je perfekter die idee vorgetragen wird mit zeichnungen, anschauungsmodellen und vorschlägen für die verpackung, womöglich noch mit hinweisen für die werbung – umso grösser ist die chance, dass der entwurf akzeptiert wird. es kommt aber, wie gesagt, ganz auf die eigenart des beratenen unternehmens an, insbesondere auf die der geschäftsleitung.

wird bei allen partnern übereinstimmung erreicht, so gibt es je nach komplexität des produktes noch eine menge arbeit zu tun. das produkt muss unter anderem den fertigungsnormen des werkes angepasst werden. gleichzeitig erfolgt eine genaue kalkulation, und es kann vorkommen, dass die kalkulation manches detail des entwurfs gefährdet. darum ist es sehr von vorteil, wenn ökonomische gesichtspunkte von vornherein bei der gestaltung berücksichtigt werden.

schliesslich werden noch funktionsmodelle gebaut. hierbei kann man nützliche erfahrungen sammeln für die spätere produktion.

...

meine damen und herren, ich bin mir darüber im klaren, dass das, was ich ihnen heute erzählt habe, nicht dazu angetan ist, ihnen ein zusammenhängendes bild von unserer arbeit zu geben.

vielleicht habe ich manches zu akademisch geschildert – oder vielleicht hätte ich auf den denkprozess des designers näher eingehen sollen. aber gerade diese phase unserer arbeit ist immer wieder verschieden. einmal entsteht ein entwurf tatsächlich durch einen plötzlich aufleuchtenden gedanken – ein andermal hat man ihn sich über sehr viele umwege und mit viel mühe erarbeiten müssen.

so verschieden aber die wege der gedanken auch sein mögen – eines ist sicher: man muss sich etwas einfallen lassen.

III. Entwicklungen, Literatur

Eigen- und Team-Arbeiten

Auf den folgenden Seiten werden Entwicklungen von Hans Gugelot, bzw. solche, an denen er unmittelbar beteiligt war, gezeigt. Den Schluß dieses Buchteils bilden einige Arbeiten der »gugelot design gmbh«, die nach dem Tode Hans Gugelots, also in der Zeit zwischen 1966 und 1974 entstanden oder fertiggestellt wurden und durchaus noch seinen Geist atmen, war doch diese Design-Firma sein Werk und stand in der Konsequenz seiner Vorstellungen.

Während für die eigenständig durchgeführten Entwicklungen Gugelots oder diejenigen, die in einer kleinen Arbeitsgruppe – vor allem in Kooperation mit Herbert Lindinger und Helmut Müller-Kühn – entstanden, eine möglichst große Dichte erstrebt wurde, werden die Entwicklungsergebnisse der »gugelot design gmbh« nur angedeutet.

Es soll hier betont werden, daß alle komplexen technischen Geräte immer in enger Zusammenarbeit mit den Konstrukteuren der jeweiligen Firmen entstanden, die Gugelot für seine Ideen zu gewinnen verstand.

Der Schwerpunkt der Aussage auch in dieser Sektion liegt, wie generell in dieser Veröffentlichung, auf der Stimme des bahnbrechenden System-Designers Hans Gugelot, d. h. überall dort, wo es möglich war, Äußerungen von ihm über eine Entwicklung zu finden, wurden sie völlig, oder aber in Auszügen zitiert und diesem Zitat gegenüber anderweitigen Explikationen der Vorzug gegeben.
Es soll dadurch der Quellencharakter dieser Publikation verstärkt werden.

Hervorgehoben wird daneben das jeweils innovative Element, dessen Gewicht in vielen Fällen durch jahrzehntelange Produktion belegt wird. Am Schluß der jeweiligen Objektdarstellung erfolgt ein Hinweis auf die Literatur, in der die jeweilige Entwicklung behandelt wird. Die dabei verwendeten Ziffern beziehen sich auf die Nummer des Zitates innerhalb der Bibliographie am Schluß dieser Veröffentlichung.

Fauteuil »Mod. 1363«, 1948/49

»...darf ich ihnen jetzt als beispiel einen fauteuil aus dem jahre 1948/49 zeigen, dessen eigenart darin besteht, dass der sitz auf dem bogenförmigen untergestell gleitet und dass der benutzer je nach gewichtslage den sessel verstellen kann. dieses modell ist eigentlich das erste, womit ich etwas erfolg hatte, vor allem, als das neu gebaute baseler spital dazu überging, diesen sessel für die einrichtung der schwesternzimmer zu kaufen, damit in dieser zeit des personalmangels den schwestern für ihre ruhestunden ein gewisser komfort geboten wird. – durch diesen sessel bekam ich einen recht guten kontakt zu einer avantgardistischen firma in zürich, die schon im jahre 1933 mit einigen jungen architekten zusammen eine ausstellung fortschrittlicher modelle veranstaltet hat. die firma wohnbedarf in zürich war die erste in der schweiz, die breuer- und corbusierstühle zeigte...« (Hans Gugelot)
(Aus Vortrag zum Thema: »Der Designer in der heutigen Gesellschaft«, gehalten in Stockholm im Mai 1963, S. 2).

Lit. u. a.: 9; ferner: Neue Grafik Nr. 17/18, 1965, 105 m. Abb.

Fauteuil in Ahorn. Der Sitz gleitet ohne Mechanik auf dem Untergestell und läßt sich mühelos in viele Lagen verstellen. H. 90; Br. 64; T. 95 cm; Lehnenbreite 50 cm. Entwurf: 1948/49. Hersteller: Wohnbedarf AG, Zürich.

Möbel-System »M 125«
1950 und folgende Jahre

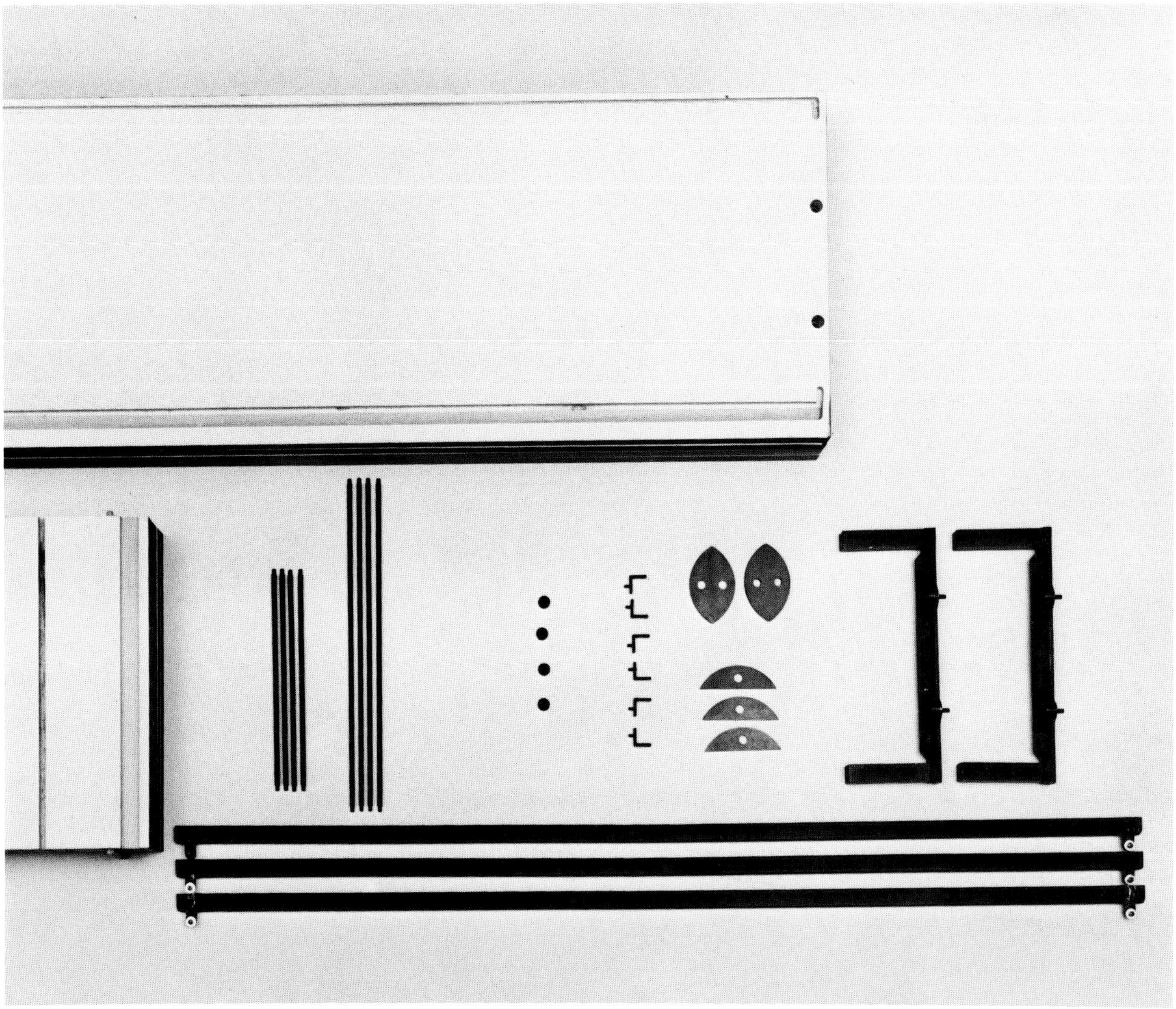

Das erste, noch heute hergestellte Möbel-System aus standardisierten Elementen zur Kombination beidseitig benutzbarer Kastenmöbel unterschiedlichster Art, vom Sideboard bis hin zur Schrankwand und zur raumtrennenden Einheit. Zugrunde liegt diesem System eine Maßeinheit von 125 mm. Genormte horizontale und vertikale Flächen wurden anfänglich mit Vierkantstäben, später durch kurze exzentrisch zu montierende Bolzen, verspannt. Die Elemente erlauben hunderte unterschiedliche, dem individuellen Bedarf entsprechende Kombinationen. Ausführung ursprünglich in verschiedenen Hölzern (vor allem Esche), später dominant mit Kunststoffolie in leicht gebrochenem Weiß furniert, Kanten aus Afromosia-Holz. Die Möbel können sowohl mit Schiebetüren als auch mit verschließbaren Flügeltüren ausgestattet und die jeweiligen Schrankzonen mit unterschiedlichsten Ausstattungselementen versehen werden.

Entwicklungsbeginn 1950, im Auftrag der Wohnbedarf AG, Zürich. Erste öffentliche Vorstellung während der Baseler Mustermesse 1953. Ab 1956 bei Wilhelm Bofinger weiterentwickelt, neuartigen Fertigungsmethoden angepaßt und durch ihn weltweit bekannt gemacht.

Nach mehr als 30jähriger Produktion besitzt das System nach wie vor technische und formale Gültigkeit.

beschreibung und analyse des baukastensystems m 125
(verfasst von Hans Gugelot 1959)

»es gibt viele arten von möbeln. es gibt sitzmöbel, tische, liegen und schränke.

jede dieser möbelgruppen hat eine völlig andere beziehung zum verbraucher. diese mensch-gegenstandbeziehung charakterisiert das möbel weitgehend.

es ist selbstverständlich, dass solche gebrauchsgegenstände bis heute immer unter dem aspekt dieser bestimmten beziehung mensch–gegenstand, demnach hauptsächlich nach physiologischen gesichtspunkten konzipiert wurden.

neben diesen mensch-gegenstandbeziehungen kennen wir noch die gegenstand-gegenstandbeziehungen, die meines erachtens für den gebrauch ebenso wichtig sind und daher bei den randbedingungen zur aufgabenstellung primär fungieren. mittelbar sind diese gegenstand-gegenstandbeziehungen eine untergruppe der mensch-gegenstand-beziehung.

der stuhl hat eine beziehung zum tisch, d. h. bei niedriger sitzhöhe wird auch der tisch niedriger werden. das buch oder die pfanne oder das geschirr hat während der zeit des nichtbenutzens eine massliche beziehung zum schrank und der schrank, der frei im raum steht oder an eine wand gestellt wird, befindet sich in abhängigkeit vom bau.

wenn man diese theorie weiterentwickelt, wird man feststellen, dass die oben aufgezählten abhängigkeiten nicht stimmen können, weil dieses schachtelsystem nicht in seiner masskoordinierung von oben nach unten bestimmt wird, sondern dass die masse, die durch die beziehung mensch–gerät bestimmt werden, primärmasse sind, die sich an der einen seite nach oben, an der anderen seite nach unten verschachteln.

voraussetzung bei dieser theorie ist natürlich, dass die primärmassreihe in sich stimmt, weil selbstverständlich die sich vergrössernde massreihe sowohl bezug nimmt auf die kleineren als auch auf die grösseren masse der primärreihe.

so wird vielmehr der schrank durch die grösse von büchern, flaschen, wäsche, geschirr etc. bestimmt, die wand wird durch den schrank bestimmt, der raum durch seine wände und das gebäude durch seine räume und die stadt durch ihre bauten. die erstgenannten gegenstände werden selbstverständlich durch die grössen der primärmassreihen bestimmt.

nach unten sieht die beziehung etwa folgendermassen aus: beispielsweise bei einer handbohrmaschine. neben den physiologischen voraussetzungen tau chen die zu erfüllenden physikalischen bedingungen auf. es sei hier noch erwähnt, dass neben den physiologischen auch noch physikalische bedingungen auftauchen, die aber für unsere betrachtung in diesem zusammenhang zu weit führen würden. der elektromotor, der sich im handgriff befindet, kann nur kleiner sein als der handgriff, und hier geht die reihe hinunter bis zum kleinsten federsplint. in wirklichkeit ist die schachtelbeziehung der masse sehr viel komplizierter, aber für unsere betrachtung können wir bei dieser formulierung bleiben.

bis jetzt haben wir nur die beziehung des gerätes zum verbraucher betrachtet. der normalverbraucher wird sich im allgemeinen nur für diese beziehung interessieren.

unter dem aspekt der hersteller tauchen eine unmenge ähnlicher beziehungen auf, die von dem konstrukteur beim entwurf unbedingt berücksichtigt werden müssen.

die mensch-gegenstandbeziehungen spielen bei der montage eine rolle, und die gegenstand-gegenstandbeziehungen bei der lagerhaltung und beim transport. analysieren wir die vorerst genannten möbeltypen nach den wenigen hier genannten kriterien, so fällt der tisch in eine andere kategorie wie der stuhl, und der schrank nimmt überhaupt eine sonderstellung ein, indem er gar kein möbel ist, sondern durch seinen immobilen charakter eher ein baubestandteil.
nur durch die unerhört vielfältigen beziehungen, die der verbraucher zu diesem schrank hat, wird der schrank heute noch weitgehend als einzelmöbel angeschafft…

Sideboard aus Möbel-System »M 125« basierend auf dem Maßsystem von 125 mm. Verschließbare Flügeltüren. Oberfläche mit 0,2 mm starkem PVC-Belag in gebrochenem Weiß furniert. Kanten aus geöltem Afromosia (natur). Hersteller: Wilhelm Bofinger, Ilsfeld.

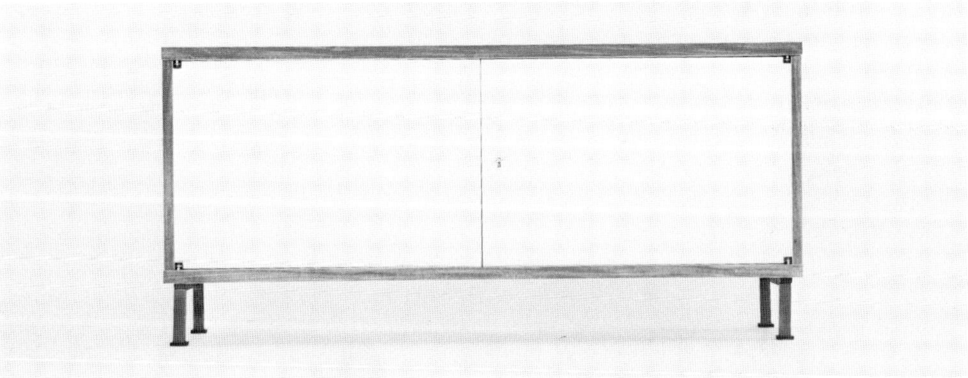

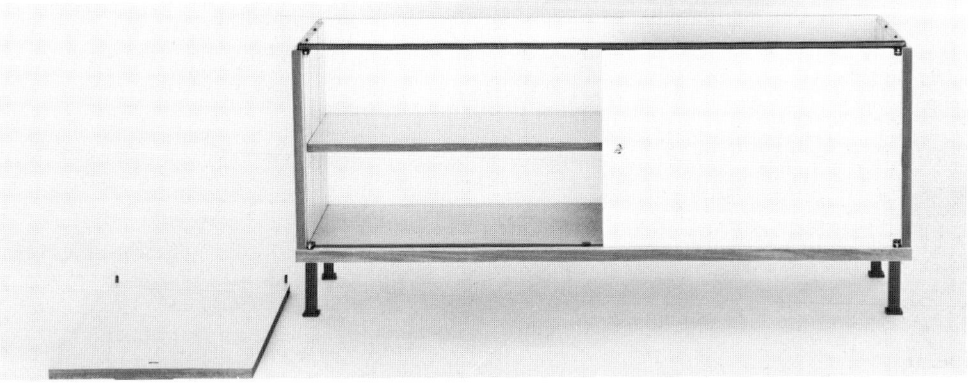

im weiteren haben wir festgestellt, dass der schrank in einer gewissen grössenordnung nicht mehr möbel ist, sondern wand wird. die beziehungen, welche eine wand zum menschen hat, sind vielseitig und ich möchte nur wenige dieser wandeigenschaften hier nennen.

die trennende funktion der wand kann akustischer oder visueller art sein oder beides zusammen. im weiteren hat die wand reflektorische eigenschaften akustischer und optischer art, und wenn wir schliesslich an die schallwand denken, so könnte man behaupten, dass die wand schallerzeugend und eventuell auch lichterzeugend sein könnte.

schliesslich kann eine wand eine behälterfunktion haben und diese wieder kombiniert mit einigen der vorher genannten funktionen.
die klassische wand wurde aus backsteinen gebaut, die wand heute durch das geringe spezifische gewicht der neuen baustoffe aus grösseren einheiten.

das bausystem m 125 ermöglicht es also, wände zu bauen, und zwar wände mit der hauptcharakteristik, behälter zu sein. die elemente sind so bemessen, dass sie rationell hergestellt werden können, und ihre hauptausdehnung ist wegen der lagerhaltung und dem transport primär zweidimensional. die oberfläche der elemente ist sehr hell, damit sie das kostbare licht reflektiert.

die dimensionierung der elemente ist unter berücksichtigung eines koordinierenden mass-systems gewählt worden. die längen- und breitenausdehnung sämtlicher bauteile ist ein vielfaches eines grundmasses m (m = 125 mm) aber so gewählt, dass die koordination mit kleineren und grösseren elementen gewährleistet ist.

das hier vorliegende programm ist vom gestalter aus gesehen nicht ein programm von kasten, schränken und kommoden, sondern ein system, mit welchem man solche einzel-möbel bis zur ganzen wand erstellen kann.« (Manuskript vom 7.11.1959).

Das Möbel-System »M 125« als raumtrennende Einheit mit eingefügter Zimmertür. Schranktüren verschließbar, darüber angeordneter Stauraum mit Schiebetüren. Davor Büromöbel-System auf der gleichen Maßeinheit basierend, und ebenfalls von H. Gugelot entworfen. Hersteller: Wilhelm Bofinger, Ilsfeld.

»... meine ideen für vorgefertigte bauteile musste ich bald für lange zeit begraben; aber ich sah die möglichkeit, wenn nicht aussenelemente zu machen, doch zumindest für die unterteilung grosser räume vorgefertigte schrankwände zu entwerfen. ich habe mir überlegt, wie man grosse holzplatten untereinander verbinden könnte, ohne in diese platten komplizierte verbindungsteile einzubauen. vom bauen her war mir selbstverständlich bekannt, daß ich mit holzbauteilen auf holzbauteile druck ausüben kann mit mehr als 100 kg/cm^2, während die zugfestigkeit von holz unter günstigen bedingungen nur etwa 30% dieses wertes entspricht. ich stellte mir also zur aufgabe, die hölzernen bauteile nur unter druckbeanspruchung zu verwenden, während ich für zugbeanspruchung dünne metallteile entwarf, die diese genannten elemente zusammenspannen. um diese zeit habe ich mir ein kleines büro eingerichtet, wo ich neben meiner architektentätigkeit mehrere stunden pro tag an diesem projekt arbeitete. ich brauchte fast drei jahre, bis die ersten prototypen des programmes gefertigt waren. es ist gerade die firma wohnbedarf in zürich, die mich bei dieser arbeit sehr unterstützte, obwohl sie sich im frühen stadium kaum ein bild machen konnte, was ich mit all diesen brettchen und stängelchen anfangen wollte. aber nachdem die ersten versuchsmodelle fertiggestellt waren, sah man für dieses system sehr grosse möglichkeiten, und ich bekam den auftrag, für die serienfertigung den entwurf weiter auszuarbeiten. diese modelle wurden im jahr 1953 auf der baseler mustermesse gezeigt und haben international sehr viel interesse gefunden...« (Hans Gugelot)
(Aus Vortrag zum Thema: »Der Designer in der heutigen Gesellschaft«, gehalten in Stockholm im Mai 1963, S. 3).

Lit. u. a.: 1, 2, 10, 30, 37, 38, 39, 40, 41, 42, 44, 45, 49, 52, 53, 54, 55, 63, 66 (S. 26), 77, 80, 88, 96, 100 (Bd. 1, S. 134), 105, 116, 119, 158, 166, 167, 168, 170; ferner: Neue Grafik Nr. 17/18, 1965, 108/109 m. Abb.

»HfG-Hocker«, 1954

»...ich selber habe in zürich 2 jahre mit bill zusammengearbeitet, und ich muss sagen, ich habe sehr viel von ihm gelernt. bill hat eine phänomenale beobachtungsgabe, einen enorm hohen massstab für qualität und ein sehr grosses kulturelles interesse. es geht auch auf die initiative von max bill zurück, dass ich im jahre 1954 als design-lehrer nach ulm berufen wurde. obwohl ich anfänglich den auftrag hatte, den ausbau der gebäude mit studenten zusammen durchzuführen, war mein nunmehr gewachsenes interesse für die industrie anlass dafür, dass ich auf alle möglichen arten kontakt suchte zu der industrie dieses im vergleich zur schweiz grossen landes. es war wirklich nicht leicht, die industriellen zu einer zusammenarbeit zu bewegen...« (Hans Gugelot)
(Aus Vortrag zum Thema: »Der Designer in der heutigen Gesellschaft«, gehalten in Stockholm im Mai 1963, S. 7).

Lit. u. a.: 14,156; ferner: [Kat. Ausst.] 50 Jahre Bauhaus. Stuttgart 1968, 182, Nr. 206 m. Abb.; Design ist unsichtbar. Wien 1981, 535 m. Abb.

Für die Hochschule für Gestaltung in Ulm wurde dieser einfache Hocker mit zwei verschiedenen Sitzhöhen von Hans Gugelot unter Mitwirkung von Max Bill entwickelt. Er wird heute von Zanotta, Mailand, produziert und für die Ausstellung von Paul Hildinger, Ulm, nachgebaut.
H. 45; Sitzfläche 30 x 40 cm.

Matratzen-Unterkonstruktion, 1954 und folgende Jahre

Im Rahmen der Hans Gugelot anfänglich übertragenen Lehraufgabe, an der Hochschule für Gestaltung, Ulm, gemeinsam mit Studenten den Innenausbau durchzuführen, entstand neben dem berühmt gewordenen HfG-Hocker auch eine damals neuartige Unterkonstruktion für Schaumgummimatratzen. Sie wurde aus einer seitlich eingeschnittenen und dadurch federnden Sperrholzplatte hergestellt.
Das Prinzip kann als Vorläufer für die nachfolgende Generation, besonders in der Schweiz zur technischen Vollendung geführten, elastischen Unterkonstruktionen, angesehen werden, welche die tradierten Federkern-Matratzen in starkem Maße ablösen sollten.

Dieser innovative Entwurf Hans Gugelots zeichnet sich durch Einfachheit, geringen Aufwand, Funktionalität und Preisgünstigkeit aus.

Auf den Zwang – ausgelöst durch die knapp bemessenen finanziellen Mittel für die Innenausstattung der HfG – erfolgte, wie dies Beispiel zeigt, eine geistreiche und richtungweisende Reaktion.
Der ursprünglich mit dreieckförmigen Schlitzen versehene Entwurf (vgl. Abb. in: idea. Stuttgart 1955, XVIII) wurde später auch im Auftrag der Firma Dunlop in der unten abgebildeten Form weiterentwickelt.

Lit. u. a.: 14.

Spielmöbel-System für Kinder, 1954 f.

Dieses kombinier- und ergänzbare Spiel- und Möbel-System besteht aus Kuben, Bänken und Brettern. Durch die Fingerverzinkung sind die aus Fichtenholz produzierten Einheiten besonders stabil. Maße: Kuben 30 x 30 cm; Brücke 60 x 30 cm; Spielbrett 90 x 30 cm. Ehemaliger Hersteller: Albin Grünzig, Eystrup/Weser.

Ausgehend von dem HfG-Hocker, entwickelte Hans Gugelot ein Spielmöbel-System. Es besteht aus robusten, rechtwinkelig zusammengefügten Brettkonstruktionen – Brettelementen, Würfeln und Brücken. Ebenso wie das Schranksystem »M 125« ermöglichen diese Elemente, die zum Teil lokalfarbig gestrichene Böden besaßen (gelb, blau, rot), eine Vielzahl von Kombinations- und Spielmöglichkeiten.
Die Zeitschrift »form« schrieb dazu: »Elementmöbel sind mehr als nur intelligente Spielereien rasterfreudiger Designer. Durch ihre einfachen Kubusformen wachsen sie mit dem Kind mit; sie sind Stuhl, Tisch, Bank und Regal in einem, und wenn sie im Spiel zu Autos oder Puppentheater werden, lassen sie fast vergessen, wie sehr es am Verständnis guter Kindermöbel und Kinderstuben fehlt.«
(1964, Nr. 28, 30 m. Abb.)
Diese Elemente – ausgezeichnet mit dem Bundespreis »Gute Form« 1971 – werden nicht mehr hergestellt. Das in der Ausstellung gezeigte Spielmöbelsystem wurde durch den Modellschreiner Hans Gugelots, Paul Hildinger, Ulm, nachgebaut.

Lit. u. a.: 14, 56,67, 75, 142, 152.

Standardisierte Brillenfassung, 1956

Auf der Basis sorgfältiger statistischer Erhebungen entwickelten 1955/56 Herbert Lindinger und Hans Gugelot eine standardisierte Brillenfassung, die in ihrer Form möglichst unterschiedlichen Sichtfeldern und Gesichtsschnitten entsprechen sollte. Um dies zu erreichen, wurde bei einer großen Zahl von Testpersonen die Kurvierung der Augenbrauen und das Zentrum des Sichtfeldes vermessen und aus diesen Angaben ein Mittelwert abgeleitet, welchen man der Form der Fassung zugrunde legte. Es entstand dadurch ein ausgewogener, modisch kaum berührter Brillentypus. Eine serielle Herstellung dieser im Auftrag der Fa. Angerer, Linz, entwickelten Brillenfassung erfolgte nicht.

Lit. u. a.: 21.

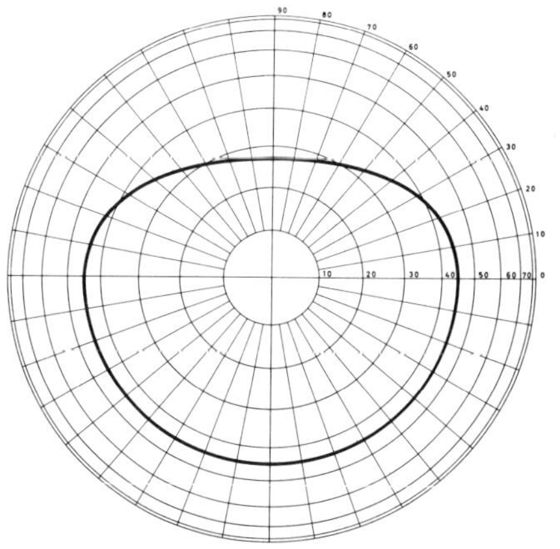

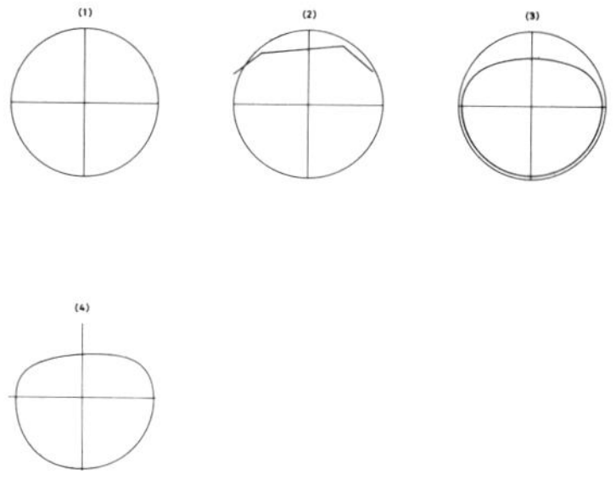

Abbildung oben: Bestimmung der Form des Brillenglases als Mittelwert der allgemeinen Sichtfelder. Unten: Prototyp der Brillenfassung. Entwurf: Herbert Lindinger. Erste Studienaufgabe unter Hans Gugelot.

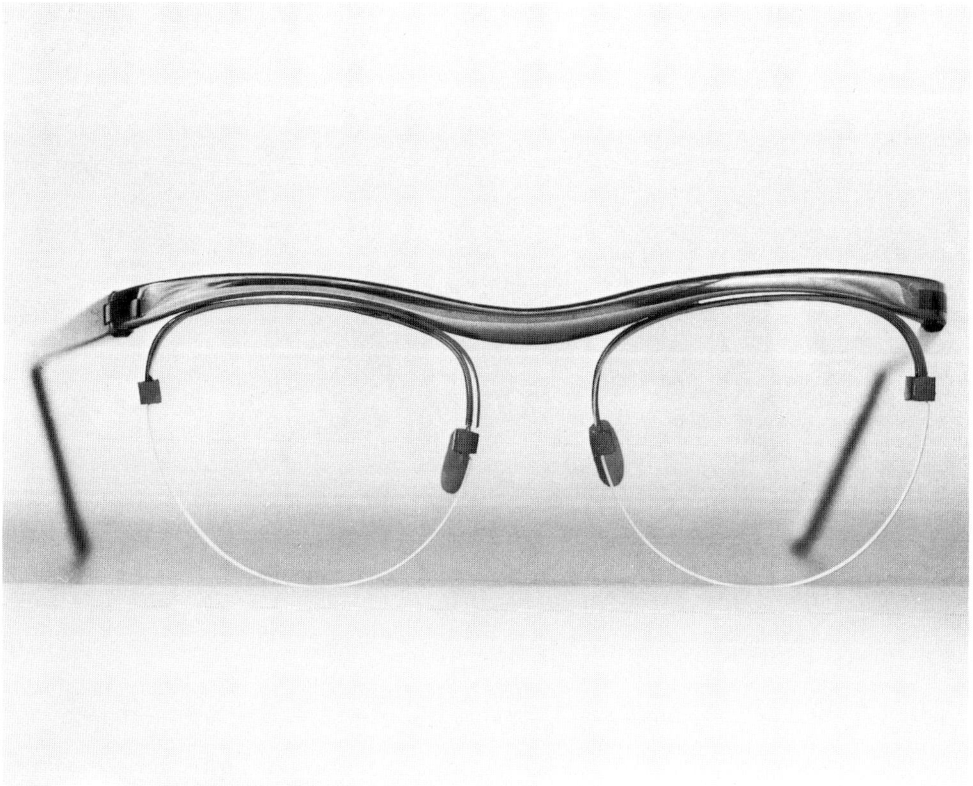

Doppelliege, 1954

Mattschwarzes Metallgestell mit übereinanderschiebbaren Holzrahmen. H. 41 cm; Br. 90 bzw. 100 cm; L. 190 bzw. 200 cm.

Lit. u. a.: 26, 41, 44, 66, 102, 170.

» ... die verhältnisse in der schweiz zwangen uns, bestimmte wege zu gehen – so zum beispiel die tatsache, dass die immer mehr steigenden baukosten dazu führten, die wohnräume in neuen häusern immer kleiner vorzusehen. daraus ergab sich, dass die möbel sich den neuen verhältnissen anpassen mussten, und nach solchen überlegungen habe ich zum beispiel ein bett entworfen, das als doppelbett auseinandergezogen wird und sowohl zusammengeschoben als auch auseinandergezogen die gleiche höhe, nämlich sitzhöhe hat. – auch dieses modell wurde bei der firma wohnbedarf realisiert ... « (Hans Gugelot) (Aus Vortrag zum Thema: Der Designer in der heutigen Gesellschaft. Gehalten in Stockholm im Mai 1963. S. 5, 6). Ab 1956 auch von Wilhelm Bofinger, Ilsfeld, hergestellt.

Radio-, Phono- und Fernsehgeräte der Braun AG, 1954–1956

»TS-G-Super« (Radioempfangsgerät und Lautsprecher) Ausführung in Ahorn und Nußbaum natur; Radiochassis RC 60. H. 37; Br. 58; T. 32,5 cm.

Lit. u. a.: 11, 12, 13, 21, 22, 44, 66 (S. 22), 161, 163.

Im Herbst 1954, noch vor der Eröffnung der Hochschule für Gestaltung, erfolgte die erste Begegnung zwischen Erwin Braun und Hans Gugelot. Damit begann eine für die deutsche und wohl auch internationale Design-Geschichte wichtige Zusammenarbeit beispielsetzenden Charakters, welche die bis dahin tradierte Form des Radio-, Phono- und Fernsehgeräts revolutionierte.

Als erstes Gerät entstand der im Winter 1954/55 entwickelte Radio-Super »TS-G«, der bereits mit den bis dahin üblichen Repräsentationsattitüden zeitgenössischer Radiogeräte formal total brach. An Stelle von Goldleisten, lamierten Lautsprecherverkleidungen, hochpolierten und geflammten Edelholzgehäusen nun eine klare, graphisch organisierte Skala, funktional angeordnete und geprägte Bedienungselemente, ein schlichtes, gestalthaftes Gehäuse auch unter Einbeziehung der Rückseite.
Der nächste Entwicklungsschritt betrachtete das Radiogerät nicht mehr isoliert neben dem Plattenspieler und Fernsehgerät, sondern sah diese drei Informationsobjekte bereits als Einheit. Das bedeutete die Wende innerhalb dieses Produktionsbereiches hin zur zweiten Hälfte unseres Jahrhunderts und hat bahnbrechend die Entwicklung bestimmt. Die Geräte wurden von nun an einem System eingebunden. Die Erreichung dieses Ziels wurde auf zwei Wegen angestrebt. Einmal verfolgte man weiterhin konstruktiv den Gedanken des bereits in den 30er Jahren konzipierten »Kompakt-Gerätes«, bei welchem Empfänger, Lautsprecher und Plattenspieler als eine Einheit zusammengefaßt sind. Dieses Konzept ist bis heute von Bedeutung. Zum zweiten wurden aber bereits in Ansätzen Empfänger, Plattenspieler und Fernsehgerät als kombinierbare Bauteile, als Elemente oder units angesehen und konzipiert. Dies war konstruktiv und formal neu. Letzteres bedeutete die Einbindung auch der Radio-, Phono-Technik in den Bereich des Neuen Wohnens und beschloß einen Vorgang, der in den 20er Jahren weltweit durch den »internationalen Stil«, durch Protagonisten wie Mies van der Rohe, Le Corbusier, Aalto, Asplund oder Nervi vollzogen worden war. Für diese Entwicklungslinie sind die Geräte »G 11« (Radio), »G 12« (Plattenspieler), »FS-G« (Fernsehgerät), die in den Maßen aufeinander abgestimmt und kombinierbar waren, typisch.

Diese technisch konstruktiven »units« wurden daneben als Kompakt-Geräte in der PKG-Serie zusammengefaßt. Die Form dieser Geräte ist von der Elementbauweise bestimmt, von Grundmaßeinheiten und entsprechenden Ordnungsprinzipien. Sie ist sachlich knapp und dient dem Sinn des Objekts.

Die Geräte entstanden in wenigen Monaten und wurden 1955 in der Deutschen

Rundfunk-, Fernseh- und Phono-Ausstellung, Düsseldorf, der erstaunten Öffentlichkeit vorgestellt. Es folgten 1956 das Kompakt-Gerät »SK 4«, ein Schlüsselwerk des Designs des 20. Jahrhunderts, und im gleichen Jahr die erste Steuereinheit »Studio 1« für eine HiFi-Anlage, von der sich 1957/59 in Zusammenarbeit mit Herbert Lindinger ein Radio-, Phono-, Tonband-Baukastensystem – entstanden im Auftrag der Firma Braun –, ableitete. Damit waren in nur drei Jahren die entscheidenden Entwicklungsschritte, die die Radio- und Phono-Industrie in der zweiten Hälfte unseres Jahrhunderts durchlaufen sollte, geistig durchmessen und niedergelegt. Ausgangspunkt war die Hochschule für Gestaltung, Ulm, mit Hans Gugelot.

Das Gesamtprogramm der Braun AG wurde u. a. mit dem Grand Prix der Triennale Mailand 1957 und dem Compasso d'Oro 1962 ausgezeichnet.

1963 berichtet Hans Gugelot in einem Vortrag über die Anfänge der Cooperation mit der Braun AG: »aber noch im gleichen jahre (1954) lernte ich erwin braun kennen, der etwa mit mir gleichaltrig ist. erwin braun ist ein sehr initiativer junger unternehmer voller ideale. von ihm hörte ich eigentlich zum ersten mal, wie in industriellen kreisen das sogenannte gute design beurteilt wird oder damals beurteilt wurde. muss ein gut gestalteter gegenstand teurer sein als ein anderer? das war die hauptfrage, die erwin braun bewegte. und wir haben damals beide zusammen den plan gefasst, einen versuch zu machen, moderne radiogeräte zu entwerfen...

das grösste verdienst dieser neuerung geht eigentlich doch auf das konto erwin braun, der sich, nachdem er die ersten entwürfe gesehen hatte, entschlossen hat, die neuerung auf grosser breite in seinem werk durchzuführen. so beauf-

»G-11-Super« (Radioempfangsgerät und Lautsprecher) Ausführung in Ahorn mit Metall-Jalousie; 1 Konzert- und 2 Hochtonlautsprecher.
H. 35; Br. 54,2; T. 33,5 cm.

Lit. u. a.: 11, 12, 13, 15, 18, 21, 22, 67, 161, 163, 170.

tragte er otl aicher, die graphik durchzuführen, und liess auch den ausstellungsstand für düsseldorf durch ihn gestalten. in der nacht vor der eröffnung der ausstellung haben die jungen designer unter otl aichers und meiner leitung alle ebenfalls für die ausstellung vorgesehenen alten braun-modelle verschwinden lassen, so dass am nächsten morgen bei der eröffnung zur überraschung der braun-leute ein ganz neuer stand nur mit neuen modellen aufgebaut war. dieses hell beleuchtete objekt inmitten der mit fontänen und guirlanden geschmückten stände der konkurrenz löste einen wahren schock aus. ich glaube nicht, dass es eine zeitung in deutschland gegeben hat, die nicht über diese eröffnung und die grosse überraschung geschrieben hätte. die modelle wurden in allen zeitungen publiziert, sogar in den provinzblättern.

im gleichen jahr, also 1955, sind die neuen gebäude der hochschule für gestaltung eröffnet worden. in einer eröffnungsausstellung wurden ebenfalls die neuen geräte gezeigt. man wird also begreifen, wenn aus dieser zeit der name der firma braun mit der hochschule für gestaltung sehr stark verknüpft ist. vor 1955 waren die braun-radios nicht viel anders als viele andere hässliche geräte, die verkauft wurden: dunkelbraunes, sogenanntes edelholz mit hochglanzpolitur und zierleisten und flimmernde stoffe vor lautsprechern.

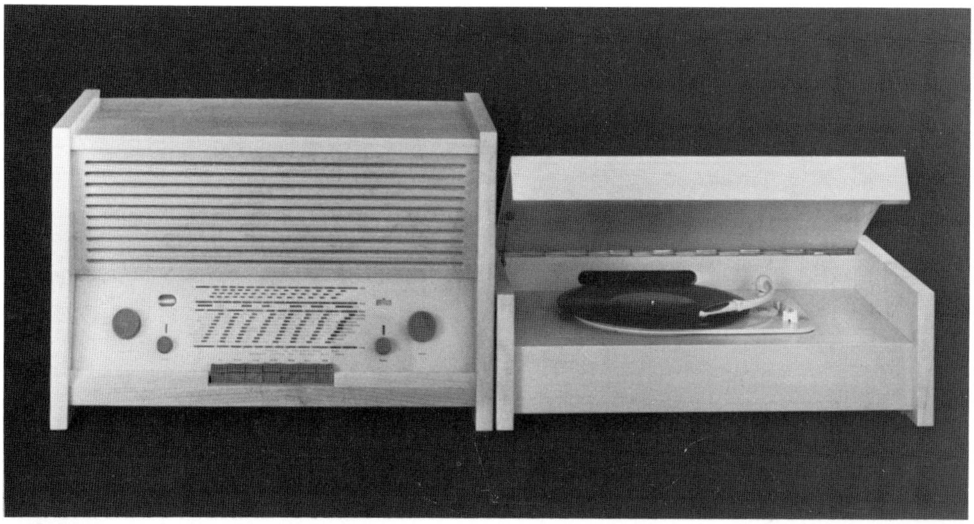

Plattenspieler »G-12« Gehäuse in Ahorn. H. 12; Br. 54,2; T. 33,5 cm. Das Gerät war in den Maßen auf den »G-11-Super« und das Fernsehgerät »FS-G« abgestimmt und konnte mit ihnen in horizontaler Reihung oder in vertikaler Stapelung kombiniert werden.

Lit. u. a.: 11, 12, 13, 16, 18, 21, 22, 24, 161, 163.

es ist also den leuten, die solche geräte besassen, nicht zu verübeln, dass sie keine allzu grosse beziehung zu den neuen produkten dieser firma hatten. selbstverständlich waren es mehr die intellektuellen, die sich von den neuen geräten ansprechen liessen, daher hat sich die neue linie sehr stark auf den vertrieb ausgewirkt. wenn früher braun-geräte mehr auf dem lande abgesetzt wurden, konnten sie nun praktisch nur noch in den städten – wenn überhaupt – verkauft werden. der mögliche kunde für die neuen braun-geräte war eine relativ kleine schicht von intellektuellen, die aber über das ganze bundesgebiet verteilt waren. es muss daher schon recht schwer gewesen sein, diese menschen konzentriert und wirksam anzusprechen. obwohl der publizistische erfolg durch die einmalige vorstellung der geräte in düsseldorf durchschlagend war, ist der kaufmännische erfolg mangels eines geeigneten vertriebssystems dann doch sehr langsam eingetreten. ich muss aber sagen, dass auf lange sicht das experiment sich durchaus gelohnt hat. der vorher erwähnte typische verbraucherkreis, der nun mal als möglicher kundenkreis in frage kommt für ein formal hochwertiges programm, ist durch die entwicklung (wirtschaftlich) immer grösser geworden. es hat also gewissermassen durch die jahre eine soziale umschichtung gegeben. es ist möglich, dass das braun-experiment etwas zu früh erfolgt ist, um sofort die wirksamkeit zu bekommen, die man sich davon versprochen hat. andererseits hat es diese verbrauchergruppe frühzeitig sozusagen ›infiziert‹. der besitz eines braun-gerätes galt als zeichen für fortschritt und aufgeschlossenheit. die geräte wurden gewissermassen ein soziales zeichen, obwohl dies vom designer gar nicht beabsichtigt war. der grosse erfolg kam im laufe der zeit, als sich herausstellte, dass die neuen kunden eine art von firmentreue entwickelten, so dass der fortschrittliche ruf, den braun mit seinen radiogeräten erworben hatte, sich auf sämtliche anderen geräte der firma übertrug, die selbstverständlich auf diese neue linie angepasst wurden.« (Vortrag »Der Designer in der heutigen Gesellschaft«, gehalten in Stockholm im Mai 1963, S. 7–9 a).

Fernsehgerät »FS-G« Ausführung in Ahorn oder Rüster H. (mit Untergestell) 90,5; Br. 54,2; T. 46,9 cm. Dieses Gerät gehörte in das Anbausystem mit »G 11 u. 12«. Nach dem zeitgenössischen Katalog enthielt das Gerät eine fernsehtechnische Ausrüstung, die sich schon zehntausendfach bewährt hat. Sie stammte von Telefunken.

Lit. u. a.: 19, 22, 159, 161, 163.

Radio-Plattenspieler-Kombination
»PK-G«, 1955

Aus den technischen Elementen TSG und G 12 entstand dieses großzügig dimensionierte Gerät, das intern »Langer Eugen« genannt wurde. Es war eine Replik auf die möbelartigen Musiktruhen, die als »Radio-Phono-Super« den damaligen Markt beherrschten.
Bei der Anordnung wurde auf den Empfangsteil des TSG-Gerätes mit der schräggestellten Anzeige der Plattenspieler gesetzt und links der Lautsprecherteil angefügt, verkleidet mit einem vorbildlichen Gehäuse, das klar organisiert war. Es wurde ausschließlich mit einem Holzgestell aus Ahorn bzw. mit einem anthrazitfarbig lackierten Gestell aus Stahl geliefert. Das Gerät zeigte bereits die typische, in der Hochschule für Gestaltung, Ulm, entwickelte Form, die zwar variiert, auch für spätere Geräte der Braun AG, beispielsweise für »atelier 1« (1957) bzw. RCS 9 (1961) charakteristisch bleiben sollte, ebenso wie die Musterung der Fläche mit kurzen Schlitzungen des Gehäuses an den Lautsprechern. Die technische Verbesserung des Gerätes erfolgte stetig und es wurde unter den Nummern PK-G 1 bis 5 angeboten.

Lit. u. a.: 12, 13, 17, 35 a.

Gehäuse aus Ahorn.
Radiochassis RC 60;
Konzert- und Hochtonlautsprecher.
H. (mit Gestell) 65–71; Br. 95;
T. 36,5 cm.

Kompaktgerät »SK«, 1956

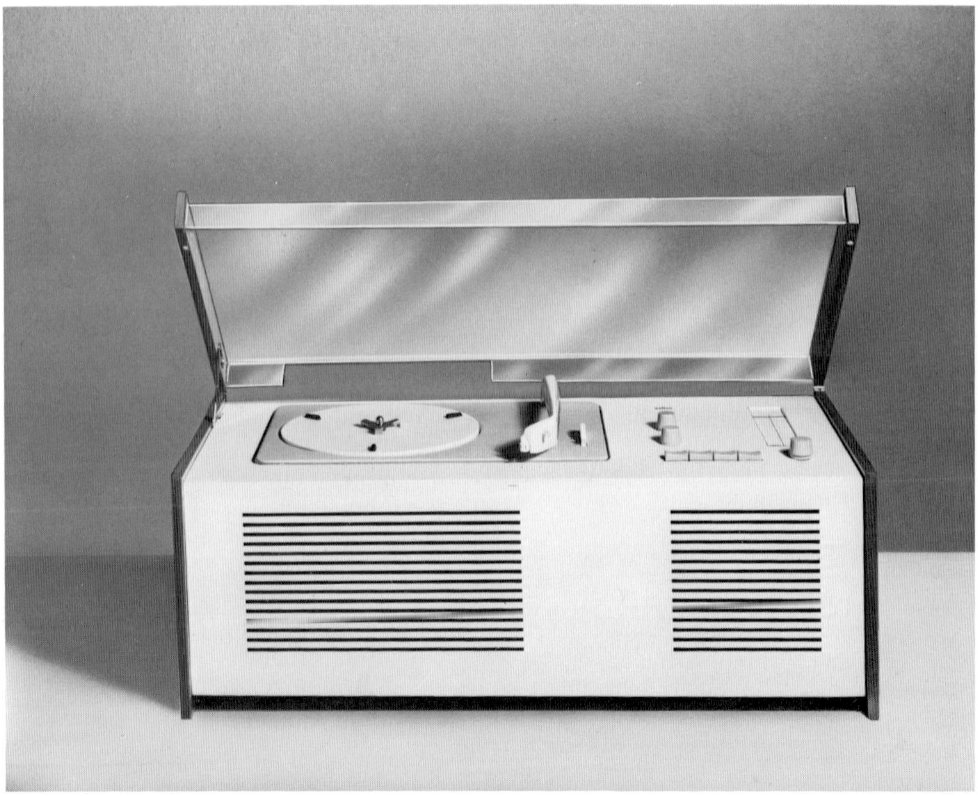

Radio-Phono-Kombination in ganzseitig geschlossenem Gehäuse aus Metall und Holz. Abdeckung aus Plexiglas, das ihm den Beinamen »Schneewittchensarg« eintrug.
Im Gegensatz zu den späteren Kompaktgeräten der Firma Braun war diesem noch der Lautsprecher integriert. Die starke Verkleinerung gegenüber der PK-G-Gruppe (vgl. linke Seite) zeigt den nach immer stärkerer Verkleinerung strebenden Weg.
Design:
Hans Gugelot und Dieter Rams.

Außerordentlich erfolgreiche Entwicklung, deren Organisationsschema weltweit starken Einfluß ausübte. Besonders die Plexiglashaube machte bis an das Ende unseres Jahrhunderts Schule. Ursprünglich war an eine Blechabdeckung edacht, die jedoch aus technischen Gründen, vor allem wegen zu hoher Vibration, verworfen wurde. Das Gerät wurde stetig technisch verbessert und unter den Nummern »SK 4«, »SK 5« usw. veröffentlicht. Es zählt zu den großen, typischen Entwürfen unseres Jahrhunderts.

»die zusammenarbeit mit der firma max braun verlief in den nächsten jahren sehr erfolgreich. zusammen mit einem damals von der firma engagierten jungen designer [Dieter Rams] konnte ich zum beispiel ein neues gerät entwickeln, das sehr viel erfolg gehabt hat, und zwar das gerät SK 4, das von uns intern ›schneewittchen‹ genannt wird. selbstverständlich konnten wir für das experiment im jahre 1955 weder das chassis prinzipiell ändern noch konnten wir für die gehäuse andere werkstoffe wie holz verwenden. durch die anfänglichen erfolge aber mutiger gemacht, wollten wir das SK 4-gerät nun aber aus blech machen, und die hauptaufgabe bestand eigentlich darin, das gehäuse mit ganz einfachen mitteln aufzubauen, damit es sich in der nun einmal eingeschlagenen linie der preisgünstigkeit gut eingliedern liesse. ich bin also auf die idee gekommen, ein gewöhnliches blech u-förmig abzubiegen und die enden mit kleinen holzplatten zu schliessen, so dass das blech nicht dreidimensional verformt zu werden brauchte. von unten her konnte dann ein extra für dieses gerät entwickeltes chassis eingebaut werden, so dass die bedienungsmittel nach oben zu liegen kamen.« (Hans Gugelot)
(Aus Vortrag zum Thema: »Der Designer in der heutigen Gesellschaft«, gehalten in Stockholm im Mai 1963. S.10, 11).

Lit. u. a.: 20, 21, 31, 35, 44, 47, 66 (S. 23), 67,78,79,96,106,115,161,163,167,170,172.

Steuergerät »Studio 1«, 1956

»... bald danach musste ich für höhere ansprüche ein grösseres radiomodell, jedoch mit hilfe des alten chassis, entwerfen. dies war keine leichte aufgabe, weil man an dem neuen modell, das im wesentlichen aus den gleichen chassisbauteilen bestehen sollte, das preisgünstigere frühere modell nicht erkennen durfte. selbstverständlich musste das neue gerät eine höhere leistung haben, wozu hauptsächlich ein grösserer transformer benötigt wurde, der aber auf dem alten chassis keinen platz hatte. wir haben also einen neuen chassis-baustein neben den alten gesetzt und sind dadurch zu einem asymmetrischen radio gekommen. das gehäuse ist aus polyester, weil werkzeuge für andere materialien für diese kleine serie nicht in frage kamen...« (Hans Gugelot)
(Aus Vortrag zum Thema: »Der Designer in der heutigen Gesellschaft«, gehalten in Stockholm im Mai 1963, S. 9 b).

Lit. u. a.: 21, 28, 29, 31, 44, 50, 66 (S. 23), 67, 159, 161, 163, 170.

Steuergerät für eine HiFi-Anlage mit getrennten Lautsprechern. Gehäuse aus Polyester. Zur Erleichterung der Bedienung ist die Seitenwand geneigt. Entwicklung unter Mitwirkung von Herbert Lindinger. Das Gerät wurde zwischen 1956 und 1957 konzipiert und ab Januar 1958 von der Braun AG produziert.
H. 22,7; Br. 58,3; T. 29,8 cm.
Die Lautsprecher besaßen noch die Breite von 100 cm. Das obere Bild gibt die Aufsicht wieder. Ebenso wie bei den ersten »SK«-Geräten stammt auch bei diesem Steuergerät der Entwurf des Plattenspielereinsatzes von Wilhelm Wagenfeld.

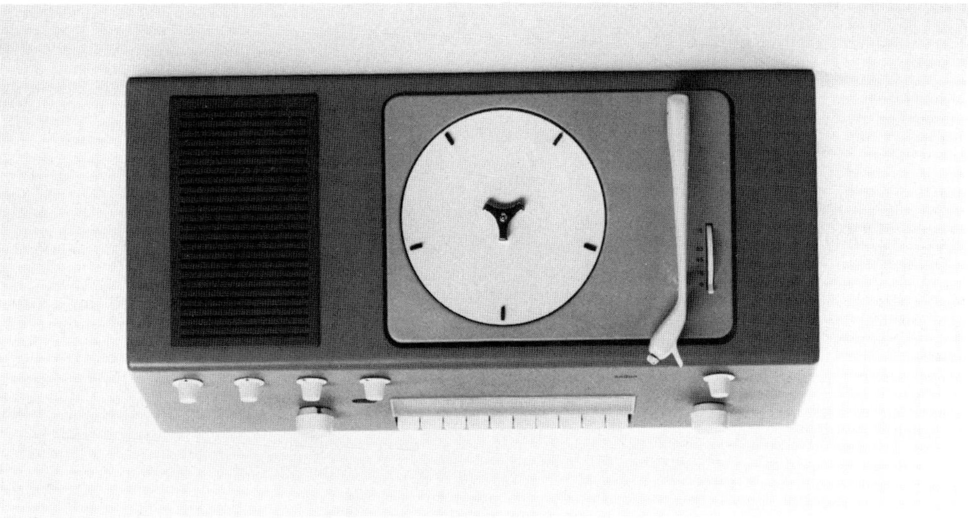

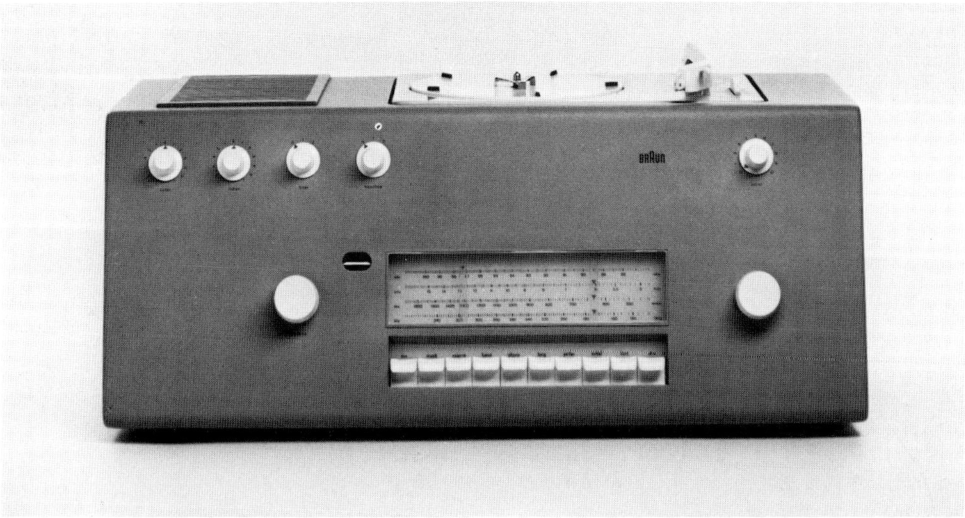

Rollbares Fernsehgerät, 1956

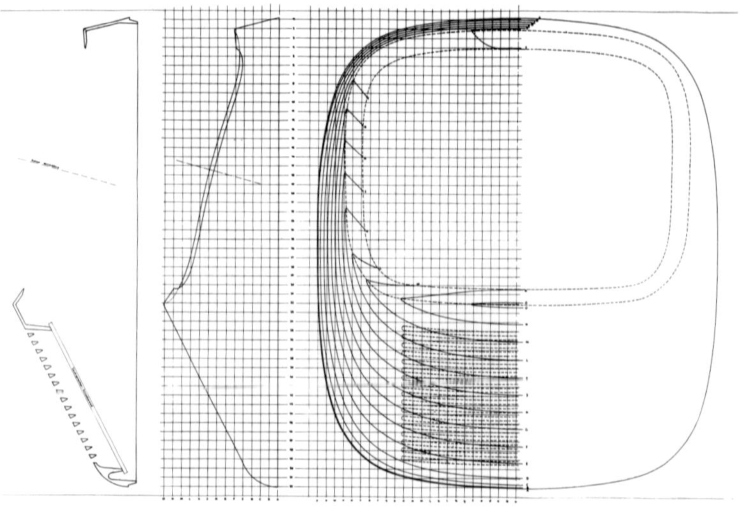

Dieser Prototyp eines rollbaren Fernseh-Gerätes, der erstaunlich früh diesem Informationsobjekt eine gültige Form verleiht, wurde gemeinsam von Hans Gugelot und Helmut Müller-Kühn entwickelt, gelangte jedoch nicht in Produktion. Der Auftraggeber Telefunken stellte lediglich zwei funktionsfähige Geräte her (nach H. Müller-Kühn).
Mit Recht wird der Entwurf von Stephen Bayley in die Reihe der beispielsetzenden Design-Entwicklungen unseres Jahrhunderts eingereiht. (Vgl. Lit. Nr. 162, dort jedoch falsch datiert.)
Das abgebildete Modell wurde in der Hochschule für Gestaltung angefertigt, oben ist die Werkzeichnung wiedergegeben.

Lit. u. a.: 21, 162; ferner: Design (London) Nr. 126, Jun. 1959, 56 m. Abb.
... »wir hatten von telefunken den auftrag, zu erforschen, wie die entwicklung des fernsehens sich innerhalb der wohnungen vollziehen könnte. nun gibt es möglichkeiten, fernsehgeräte in schrankwände und möbel einzubauen. die ›fernsehenden bewohner‹ müssen sich aber in einem solchen fall wie in einem kino um das gerät gruppieren, was die vorgesehene möblierung vollständig durcheinander bringt. dieses hin- und herrücken mit sitzmöbeln ist gut denkbar, wenn die möbel dafür eingerichtet sind, also zum beispiel mit rollen versehen sind. liegt es aber nicht mehr auf der hand, statt der sitzmöbel lieber das fernsehgerät mit rollen zu versehen? im übrigen zeigt es sich, dass die nach vorn geneigte kopfhaltung weniger ermüdend ist, also eine physiologisch günstigere körperhaltung darstellt als diejenige, die man im kino auf den vordersten reihen einnimmt, wenn man gezwungen ist, immer zum bild hinaufzuschauen.

bei einer günstigen sehdistanz von ca. 3 m muss sich also die bildröhrenachse, leicht geneigt, in einer höhe von ca. 60 cm über dem boden befinden. diese erkenntnisse führten zu einem vollständigen neuentwurf, der als gipsmodell in unserer schulgipswerkstatt erstellt wurde ...« (Hans Gugelot)
(Aus Vortrag zum Thema: »Der Designer in der heutigen Gesellschaft«, gehalten in Stockholm im Mai 1963, S. 17–18).

Radio-Phono-Tonband-Baukasten-system, 1957/59

Das System war zugleich Diplomarbeit von Herbert Lindinger an der Hochschule für Gestaltung in Ulm. Die Autorschaft wird vom Diplomanden wie folgt charakterisiert: »Meine persönlichen Anteile an dieser Arbeit abzugrenzen ist fast unmöglich. An dieser Arbeit haben nur Herr Gugelot als Hauptreferent und späterer Institutsleiter und ich als Diplomand und späterer Institutsmitarbeiter gewirkt. Um dieses Zusammenwirken klarzustellen, hat Herr Gugelot die im Titel wiedergegebene Bezeichnung der Arbeit empfohlen. Die Rechte der Verwertung liegen beim Institut Gugelot.« Die Bezeichnung dieses Systems lautete: »Ein Baukastensystem für Apparate der akustischen und visuellen Informationsspeicherung und

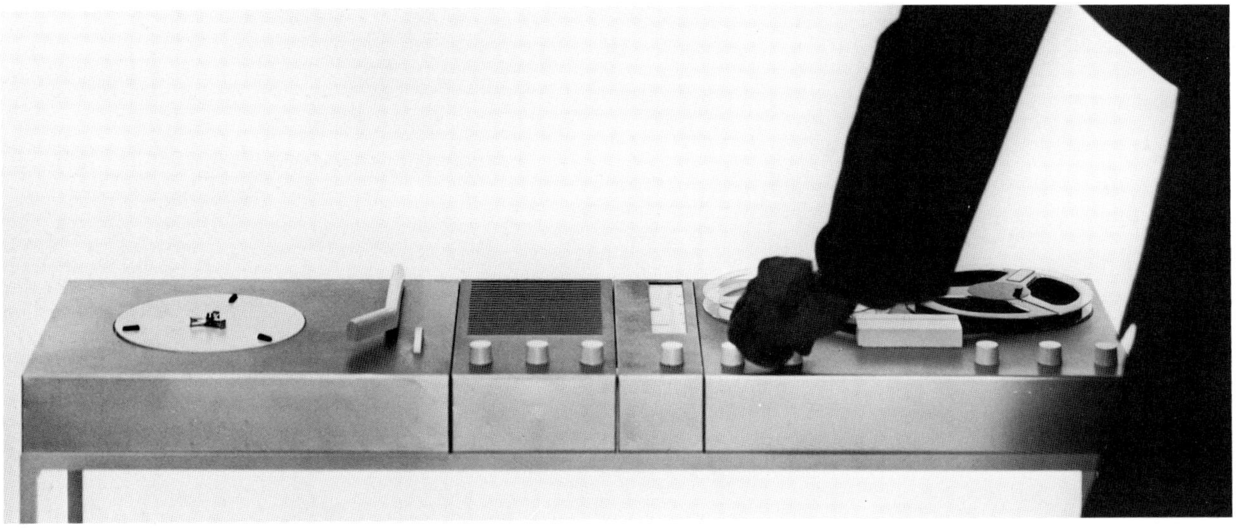

-übermittlung im Wohnbereich.« Zur Datierung wird in der gleichen Arbeit mitgeteilt: »Die Untersuchungen wurden im Herbst 1957 begonnen ... Ab Oktober 1958 arbeitete ich dann als Mitarbeiter der Entwicklungsgruppe Gugelot an dem Projekt weiter. Eine Unterbrechung der Untersuchungen ergab sich aus dem Problem, ob in ein solches System ein Tonband einbezogen werden könnte. Die amerikanische und europäische Industrie hatte dies bis zu diesem Zeitpunkt vermieden. Im Frühjahr 1959 wurden schließlich die Voruntersuchungen und ein Vorschlag für ein solches Baukastensystem der Fa. Braun vorgetragen und gutgeheißen. Die Fa. Braun hat daraufhin Schritte zur Realisierung des Baukastensystems unternommen.« Die Diplomarbeit wurde schließlich 1961 veröffentlicht.

Ziel der Untersuchung war die Integrierung der zahlreichen und unterschiedlichen Informationsgeräte zu einem aufeinander abgestimmten System, verbunden mit einer Erhöhung der Variationsfähigkeit und einer Konzentrierung im Wohnbereich. Nach einer Subsumierung der potentiell kombinierbaren Geräteeinheiten und ihres Zubehörs (11 Gruppen) wurde eine Differenzierung in Funktionsgruppen (Bild-Ton-Gruppe mit Dia- und Filmprojektoren, Fernseher und Tonband) bzw. reine Tongruppen und ihre potentiellen und sinnvollen Zerlegungsmöglichkeiten in »Units« untersucht, schließlich die Variationen komplexer Unterbringung (Regale, Einbauwände, Tische, Kommunikationssäulen, Wandmontage usw.).

Die Abbildungen zeigen das System und seine Elemente, weiterhin Vorschläge ihrer Unterbringung als Tisch-Set und als an der Wand montierbares System.

Zum Zeitpunkt dieser Konzeption gab es in Europa unter Einschluß der Ostblockländer kein ähnlich konsequentes System-Denken in dem angesprochenen Gerätebereich und damit auch keine ähnlich gearteten Tendenzen zu Realisierung. Jedoch waren in den USA und in Japan Ansätze spürbar, die aber nur zögernd – erzwungen durch die internationale HiFi-Entwicklung – beschritten wurden.

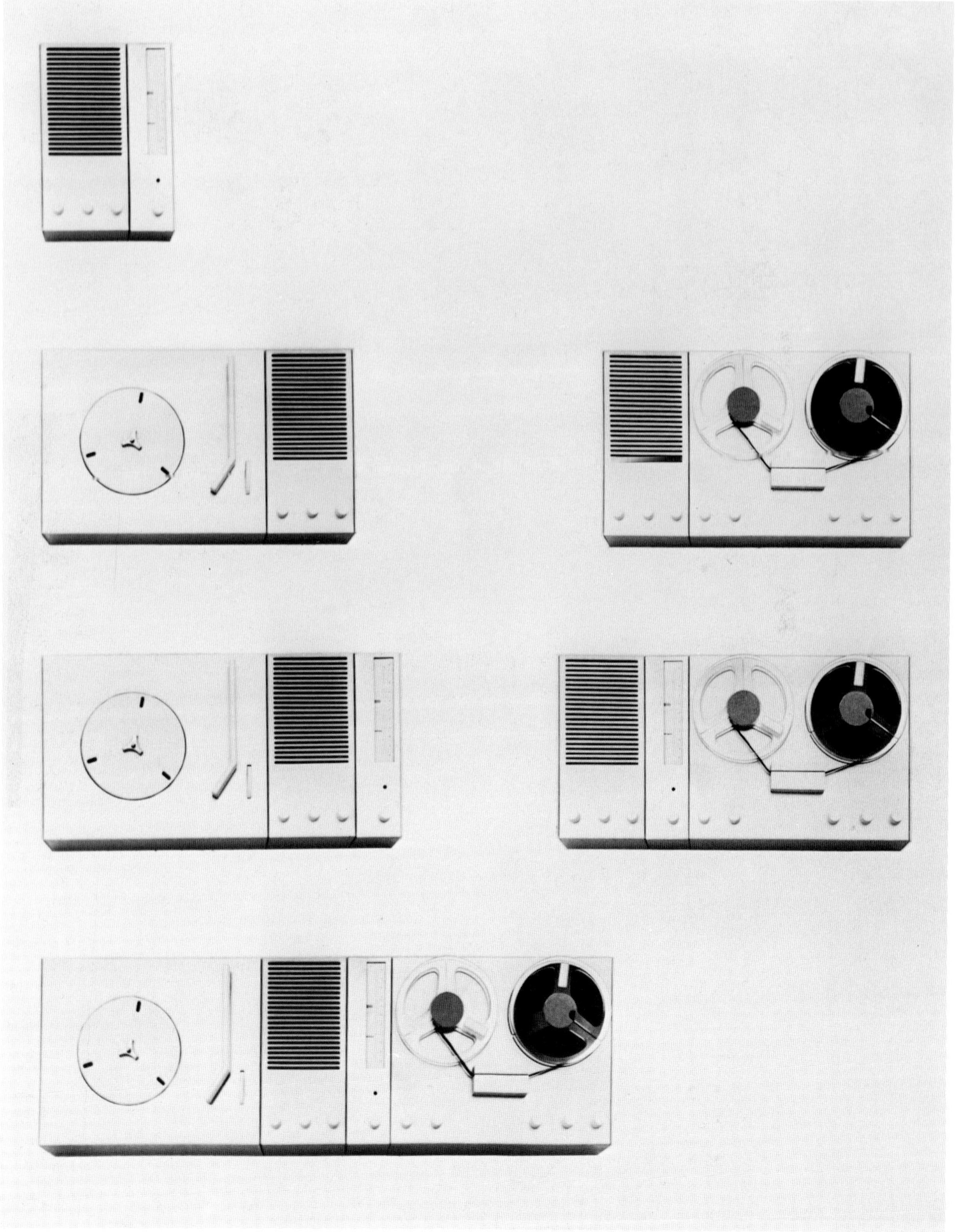

Die Firma Braun begann erst 1963 einige Bausteine dieser ungemein innovativen und der allgemeinen Entwicklung vorauseilenden Planung zu verwirklichen (Gerätekombination mit Kompaktanlage »audio 2« und Tonbandgerät »TG 60« im Verein mit einem variablen Fußgestell. Vgl. Dieter Rams &. Berlin 1980, 98–99 m. Abb.).
Das Konzept von Hans Gugelot und Herbert Lindinger sollte erst nach einem Jahrzehnt, erst ab dem Ende der sechziger Jahre, weltweit die Art der Tonwiedergabegeräte bestimmen.

Lit. u. a.: Lindinger Herbert [Dipl.-Arbeit HfG] Ein Baukastensystem für Apparate der akustischen und visuellen Informationsspeicherung und -übermittlung im Wohnbereich. 1961. – Vgl. ferner Nr. 66.

»... eine für uns sehr interessante entwicklung, die ich ihnen nicht vorenthalten möchte, ist eine untersuchung, die wir im jahre 1958 auf dem gebiet der kommunikationsgeräte durchführen konnten. es war das erste mal, dass wir für eine firma eine umfassende planungsarbeit durchführen konnten. zu dieser gerätegruppe gehören die hochfrequenzgeräte für den radioempfang, das telefon, die speichergeräte band-spieler und schallplattenspieler, diktiergerät. dieses für akustische information. für den visuellen bereich als speichergeräte die fotokamera, die filmkamera, und als wiedergabe-geräte die diversen projektoren, und zusammenhängend visuell und akustisch das fernsehen, der tonfilm. in dieser arbeit war es beabsichtigt, mass-koordinationen vorzunehmen, gemeinsame gesichtspunkte für die aufstellung der geräte zu erarbeiten sowie die normierung der bedienungsmittel und skalen. selbstverständlich mussten die werkstoffe der gehäuse aufeinander abgestimmt werden. es musste ausserdem abgestimmt werden, welche geräte zusammen funktionieren können. und dazu archiv-systeme für schallplatten, tonbänder, für diapositive und filme. was ich ihnen hier zeige, ist ein teilergebnis aus der ganzen arbeit. es handelt sich um verstärkerbausteine, hochfrequenzbausteine und bausteine für die speicherung von akustischen informationen. für diese arbeit haben wir viele messungen vorgenommen, in welcher höhe man bedienungsmittel mit vertikaler und in welcher höhe mit horizontaler achse, in stehender oder auch in sitzender position bedienen kann. hier handelt es sich um den greifbereich. für den visuellen bereich liefen ähnliche untersuchungen für vertikale, horizontale und geneigte skalen, ebenso über die grösse von schriften in den sinnvollen distanzen.

wir sind auf interessante konklusionen gekommen, indem wir von bestehenden konventionen ausgingen, wie z. b. das lesen von links nach rechts und das drehen im uhrzeigersinn bei anzeigemechanismen mit stehenden skalen – also beweglichen zeigern – und beweglichen skalen und stehenden zeigern (index). einer der gewichtigsten gesichtspunkte, die dabei auftreten, ist, dass nur in den seltensten fällen eine optimalisierung möglich ist.

wir haben feststellen können, wann die bedienungsmittel sich zu einer gruppe formieren und wann eine ordnung schwer abzulesen war. schon damals war uns bewusst, dass eine der wichtigsten aufgaben auf dem design-gebiet das ordnen ist. wir haben gelernt, dass wir bei der anwendung von wenig formalen mitteln zu den besten ergebnissen kommen ...« (Hans Gugelot)

(Aus Vortrag zum Thema: »Der Designer in der heutigen Gesellschaft«, gehalten in Stockholm im Mai 1963, S. 19–21).

Nähmaschinen »Pfaff«
1959 und folgende Jahre

Nähmaschine
»Pfaff 80«
Entwicklung:
H. Gugelot, Herbert Lindinger, Helmut Müller-Kühn, 1959.
Gehäuse aus Grauguß, Bedienungsmittel aus Kunststoff.
H. 26; Br. 37,5; T. 18 cm.
Auftraggeber und Hersteller:
Pfaff AG, Kaiserslautern.

»... ich persönlich habe die erfahrung gemacht, dass ich konstrukteure einer firma nur dann zu überzeugen in der lage war, wenn ich auch konstruktive vorschläge zu machen hatte. selbstverständlich gab es auch ausnahmen – wie zum beispiel in der zusammenarbeit mit der firma pfaff-nähmaschinen. aber hier standen wieder andere schwierigkeiten im wege, um die vorstellungen, die ich von einem modell der nähmaschine hatte, konsequent zu realisieren. so hatte diese firma sich einige jahre zuvor eine vollautomatische grauguss-anlage bauen lassen und deshalb zur bedingung gemacht, dass die neuen maschinen auch in grauguss hergestellt werden müssten. die maschine wurde daher recht schwer. ich habe mit viel überredungskunst die firma dazu gebracht, für diese maschine eine neue farbe zu akzeptieren: grau für den ständer der maschine und weiss für die griffe und knöpfe...

das konzept der zu gestaltenden nähmaschine sah eine bestimmte einrichtung für die stichlängenverstellung vor, die mit der vor-rückwärts-nähtaste eine kleine baugruppe darstellte. diese kleine baugruppe war zum patent angemeldet. meine erfahrung mit nähmaschinen war nicht sehr gross. ich konnte mir aber gut vorstellen, dass das vor- und rückwärtsnähen häufiger und vor allen dingen unter anderen bedingungen vorgenommen werden würde als die stichlängenverstellung. die genannte baugruppe

Nähmaschinenkoffer
Entwicklung:
H. Gugelot und Herbert Lindinger, 1960.
Auftraggeber und Hersteller:
Pfaff AG, Kaiserslautern.
Im Spritzgußverfahren hergestellter Kunststoffkoffer, der außer der Nähmaschine auch das Nähzubehör in leicht zugänglicher und überschaulicher Anordnung enthält.

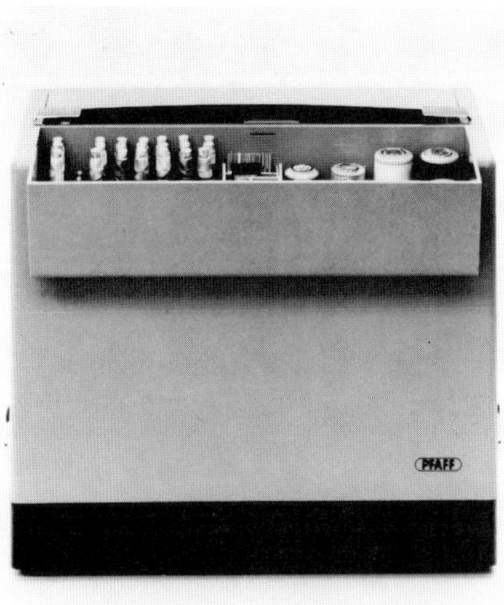

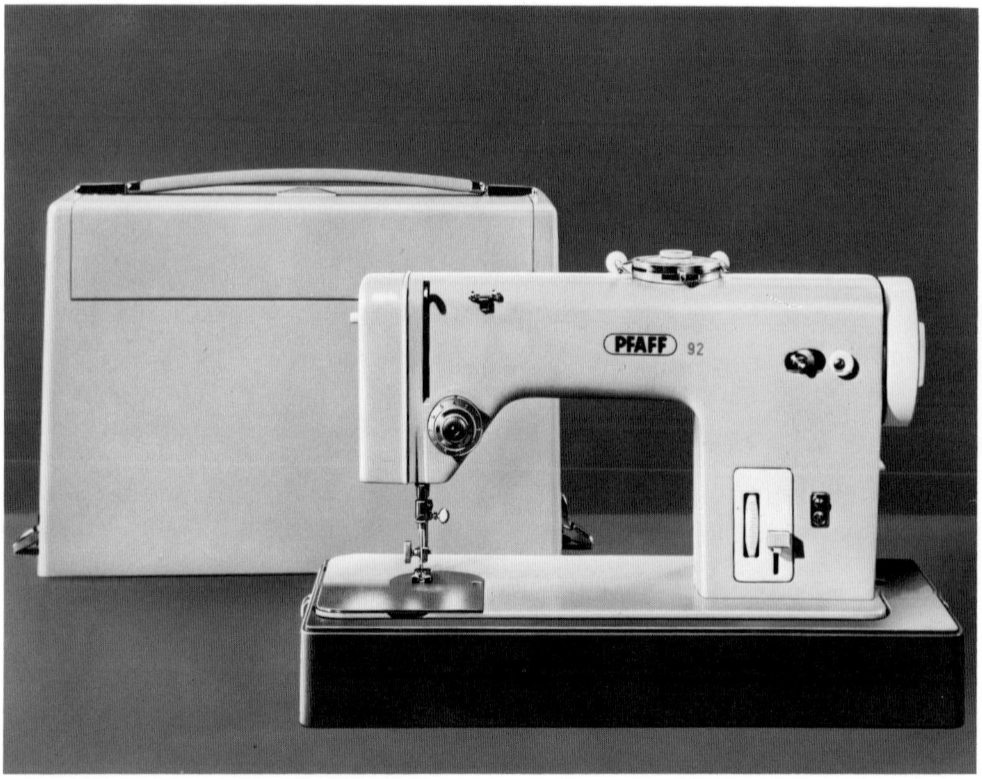

Nutzstich-Zickzack-Nähmaschine »Pfaff 92« für den Haushalt. Entwicklung: H. Gugelot und Herbert Lindinger, 1963/64. Hersteller: Pfaff AG, Kaiserslautern. Auf der Form der Maschine »Pfaff 80« basierendes, technisch weiterentwickeltes Gerät. Auch der Nähmaschinenkoffer ist konsequent weiterentwickelt worden.

Partiell elektronisch gesteuerte Nähmaschine »Pfaff 1222 E«. Entwicklung: gugelot design gmbh, 1968.

umfasste eine drucktaste für das vor-rückwärts-nähen, deren achse horizontal und senkrecht zum maschinenständer angeordnet war. solche tasten lassen sich nur manipulieren, indem man sich auf ihre bedienung konzentriert. da aber beim nähen die konzentration der frau auf ihr nähgut gerichtet ist, musste dieser knopf umgeändert werden, damit sie ähnlich wie eine schreibmaschinentaste bedient werden konnte. um aber das angemeldete patent zu verwerten, musste das bedienungsmittel für die stichlängeneinstellung als reibrad abgeändert werden...
nachdem das konzept für die veränderung der bedienungsmittel so klar war, konnten wir eine neue konstruktion der baugruppe vornehmen, die auch von der firma übernommen wurde.« (H. Gugelot) (Aus Vortrag, Stockholm Mai 1963, 13 ff.).

Lit. u. a.: 47 (»Pfaff 91«), 48 (»Pfaff 91«), 51 (Kat. 1962, Nr. 1; 1963, Nr. 417; 1964, Nr. 225; 1969, Nr. 197 »Pfaff 1221, 1222«), 44 a, 66 (S. 25), 67, 73, 82 (»Pfaff 92«), 100 (Bd. 1, S. 100), 102, 105, 115 (»Pfaff 92«), 116 (»Pfaff 97«), 122, 148 a, 170; ferner: form Nr. 22, 1963, 54 m. Abb.

Idiophon-System, 1959
(Element-Musik-System)

Dieses Element-Musik-System ermöglicht aufgrund der Zusammenfügung unterschiedlicher Bauteile die Herstellung verschiedener Musikinstrumente (Vibraphon, Metallophon, Xylophon) in unterschiedlicher Größe – vom Kinder-Spielzeug bis zum Konzertinstrument. Auswechselbare, obertongestimmte Klangstäbe aus Leichtmetall (Metallophon) oder aber Palisanderholz (Xylophon) liegen dabei über abgestimmten, röhrenförmigen Einzelresonatoren aus schlagfestem Kunststoff. Dies bewirkt einheitliche und ausgewogene Klangqualität über den gesamten Tonbereich. Die aus unterschiedlichem Material bestehenden Stäbe, nach denen das System »Sonor-Stabspiel« benannt wurde, sind in Länge und Breite gleich und dadurch auswechselbar. Gemischte Reihen ergeben das Doppelinstrument Xylo-Metallophon. Spielbar in der einreihigen Diatonik, zweireihigen Chromatik, in zwei Klangfarben in der gleichen Tonart und in zwei Ganztonreihen.
Das Element-Musik-System ermöglicht neben dieser Kombinierbarkeit einen bequemen Transport. Die ursprünglich abgespreizten Ganzmetallständer wurden später teleskopartig ausfahrbar konzipiert (50–100 cm) und sind heute bügelartig verändert. Die Trägerplatte der Stäbe besteht aus Buchen-Schichtholz und wurde in vier Größen geliefert: Sopran, Baß, Tenor-Alt, Baß-Sopran.

Lit. u. a.: 36, 44, 66 (S. 22), 67, 170.

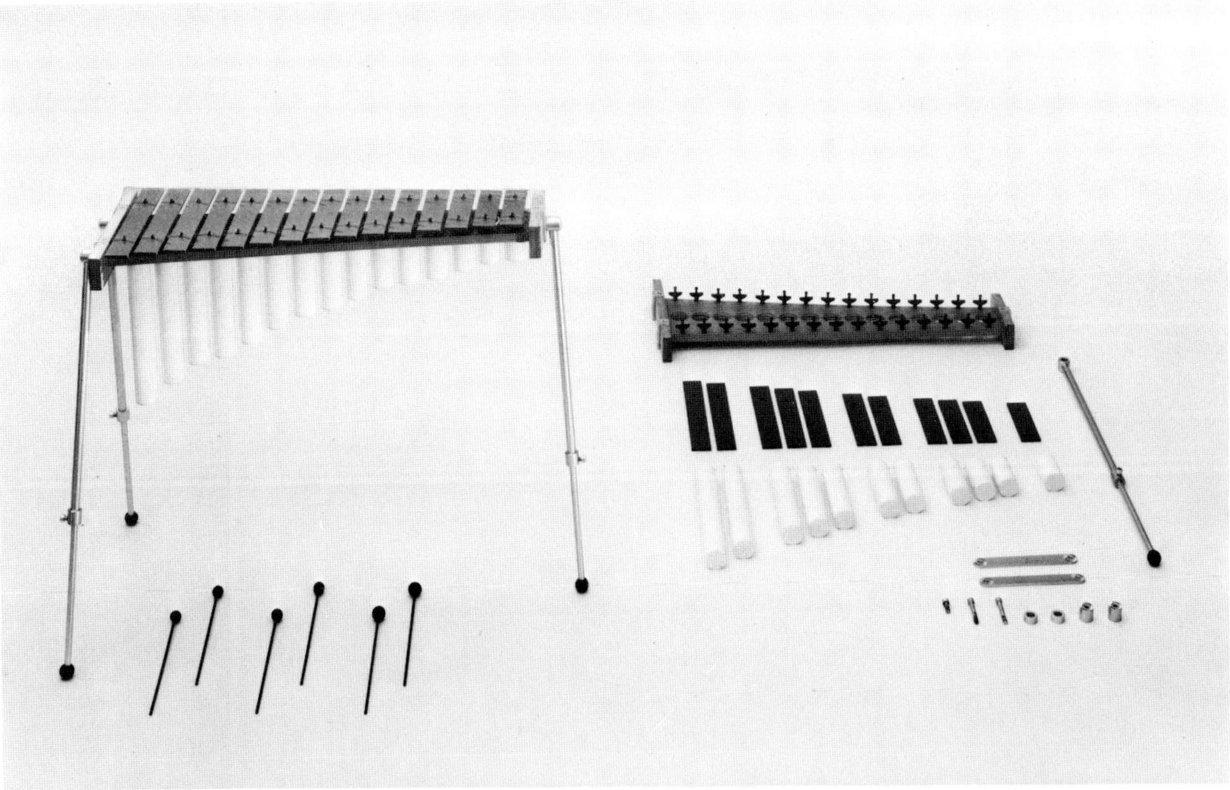

Stabspiel-System »Sonor« (Vibraphon, Metallophon, Xylophon) mit Röhrenresonatoren. Entwickelt, in Zusammenarbeit mit Dipl.-Phys. Helmut Müller, im Auftrag der Firma Johannes Link KG, Aue/Westfalen, 1959. Seine erste Veröffentlichung erfolgte Anfang März 1960. Mit formaler Veränderung wird dieses Musik-System bis heute produziert. Material: Metall, Holz, Kunststoff. Die Elemente des Systems waren folgende: Kastenresonator, Haltebrett, Flachrahmen, Ständerbein, Zapfen, Resonator, Palisanderstab, Leichtmetallstab, Verbindungssatz.

Auftraggeber:
Hamburger Hochbahn AG,
Hersteller:
Linke-Hoffmann-Busch, Salzgitter
Designer:
Hans Gugelot, Herbert Lindinger,
Helmut Müller-Kühn
Farbgebung: Otl Aicher, Peter Croy

»In enger Zusammenarbeit mit den Waggonkonstrukteuren wurde die Struktur und die Gestaltung dieses Doppeltriebwagens entwickelt: Innenraum, Fahrerraum, Waggonprofil und äußere Erscheinung.
Die Hauptforderungen waren dabei: Gewichtseinsparung gegenüber den bisherigen Wagen, Vermehrung von Sitzplätzen, Reduzierung und Erleichterung der Reinigung und Wartung, Rücksichtnahme auf die Lagerhaltung von Austauschteilen, Ermöglichung eines schnellen und reibungslosen Aus- und Einsteigens, lange Lebensdauer und Robustheit, hygienische, einladende Atmosphäre.
Die äußere Form unterlag einerseits den Bedingungen des kleinsten Tunnelprofils, der Bahnsteigkanten, der Forderung nach einem möglichst geschlossenen Gesamteindruck beim Aneinanderreihen mehrerer Waggoneinheiten und andererseits dem Wunsch nach einem möglichst bequemen und großen Innenraum für Fahrgäste und Fahrer. Aerodynamische Gesichtspunkte blieben in Anbetracht der Durchschnittsgeschwindigkeit zugunsten eines ausreichend großen Fahrerraums unberücksichtigt.
Das Wageninnere besteht vorwiegend aus widerstandsfähigen Kunststoffen in hellen, warmen Grautönen. Der bei der Bevölkerung bemängelten ›Keller-Atmosphäre‹ der bisherigen Fahrzeuge konnte nur durch eine bessere Ausnutzung der vorhandenen Lichtmenge und nicht durch eine entschiedene Vermehrung begegnet werden. Große Beachtung wurde deshalb einer blendungsfreien, diffusen und gleichmäßigen Raumausleuchtung, frei von störenden Schatteneffekten und Lichtverlusten, gewidmet. Seitenwand, Decke und Fußboden sind so gestaltet, daß sie aus einem Minimum von Elementen bestehen, deren leichte Austauschbarkeit gewährleistet ist, daß

es möglichst keine Fugen, Deckleisten, Ecken oder Absätze gibt, die eine Ansammlung von Staub erlauben könnten. Der anthrazitfarbene Fußboden ist wannenartig in die Seitenwände hochgezogen. Die beigegrauen Seitenwände reichen, aus einem Stück bestehend, von dort bis hoch zu den Leuchtbändern. Sie sind aus einem glasfaserverstärkten Polyester geformt und besitzen schon die Fenstervertiefung wie die Abkantung über den Fenstern zum Leuchtband hin. Die graubraunen Sitze sind ebenfalls aus Polyester und verdanken ihre Bequemlichkeit eingehenden physiologischen Studien.
In Anbetracht des relativ kurzzeitigen Verbleibens in diesen Verkehrsmitteln und der hervorragenden Wagenfederung dieses auf gummigelagerten Rädern laufenden Waggons, erweist sich dieses Material als durchaus angenehm und ausreichend. Die äußere Erscheinung der neuen Züge wird durch das Silber des nichtrostenden Stahls der Seitenwände und durch die den Hamburger Stadtfarben entsprechenden signalroten Türen und Waggonfronten – jeweils aus Polyester – geprägt.« ([Kat. Ausst.] Hochschule für Gestaltung, Ulm. Die Neue Sammlung. München 1964, 28–29).

»Dieser Entwurf aus der Hochschule für Gestaltung, Ulm, setzte ebenso neue Maßstäbe für die Branche, wie dies parallel dazu andere Entwürfe aus Ulm taten, wie etwa die neue Gestaltungsauffassung für HiFi-Geräte (Braun AG, Frankfurt) oder das Erscheinungsbild für die Lufthansa ...
400 solcher Fahrzeuge prägen seit 1960 das Stadtbild von Hamburg. Die Stadt Amsterdam hat den Entwurf – nur an der Front und im Inneren geringfügig modifiziert – 1980(!) für ihre neue U-Bahn übernommen. Ebenso hat sich die Stadt Dublin 1982 entschieden, für ihre neue U-Bahn die Original-Innenausbauteile des Ulmer Entwurfs von 1960 zu verwenden.« ([Kat. Ausst.] Urbanes Design. Konzepte und Realisationen der Designergruppe Lindinger & Partner ... Stuttgart 1983, 20–21).

Entgegen den bis dahin in Massenverkehrsmitteln üblichen Einzelleuchten wurde eine bandartige indirekte Beleuchtung in die Hamburger U-Bahn eingebracht, die entlang der Lüftungskanäle angeordnet wurde. Durch die Einsparung der Gepäckraufen an den Längswänden gewann man eine einheitliche Informationsfläche unterhalb der Lichtbänder. Die Gepäckraufen wurden nur mehr an den Stirnseiten angebracht, weil statistische Erhebungen ergaben, daß nur 1,2% der Fahrgäste diese im Kurzstreckenverkehr in Anspruch nehmen.

»... so komisch es erscheinen mag, sind die argumente, warum die hamburger hochbahn aktiengesellschaft uns mit der planung und gestaltung der neuen triebfahrzeuge in ihrem bestehenden netz beauftragte, ähnlich wie die vorhin geschilderten. als wir die zusammenarbeit mit dieser gesellschaft begannen, lagen entwürfe vor von der mit der herstellung beauftragten firma linke-hoffmann-busch, die wiederum einen jungen betriebsangehörigen beauftragt hatte, entwürfe für ein solches fahrzeug anzufertigen. wir als neutrale stelle hatten aber die möglichkeit, bei der waggonfabrik die interessen der hochbahn-ag zu vertreten, aber umgekehrt auch die konstruktiven und technischen bedingungen der waggonfabrik bei der hamburger hochbahn zu vertreten. das erste stadium dieser dreier-zusammenarbeit war nicht unähnlich derjenigen eines anwalts. viele bedingungen, die uns unzweckmässig erschienen, haben wir genau geprüft, und es zeigte sich, dass wir für unseren neuen entwurf viel mehr freiheiten hatten, als es anfänglich den anschein hatte.

im ersten entwurf waren die sitze und die fensterachsen nicht koordiniert. im waggon-innern gab es einen wald von stützen und gepäcknetzen, die front des fahrzeuges hatte das gesicht eines omnibusses. es ist wohl selbstverständlich, dass wir als erste und haupt-bedingung ein zeitloses, also nicht modisches erscheinungsbild dieses fahrzeuges anstrebten. wegen der geringen geschwindigkeiten konnten wir auf übermässige stromlinienform gern verzichten, und durch die einfache formgebung der vorderpartie erreichten wir ein harmonischeres zugbild bei der zusammenstellung der fahrzeuge. die aussenhaut wurde aus einem chromstahlblech mit längslaufenden sicken vorgesehen. das dach ist aus polyester, die front ein tiefgezogener bauteil aus glattem chromstahlblech, in das die scheiben mittels einreissprofilen eingesetzt worden sind. auch hier wieder wurden bei der gesamtkonstruktion die formalen elemente auf ein minimum beschränkt. für den fahrerstand waren ergonomische aspekte massgebend, und gute sichtverhältnisse für den fahrer in bezug auf die signale

Die Gestaltung der Waggonseite steht in Abhängigkeit zur inneren Organisation der U-Bahnen. Die Fenster wurden unter diesen Prämissen austariert und, unter Inkaufnahme kurzzeitigen partiellen Überdeckens der den Türen am nächstliegenden Fenster während des Aufenthalts auf Stationen, als Band organisiert. Der Abstand zwischen den Waggons wurde möglichst klein gehalten und vertikal organisiert. Die Außenhaut besteht aus Edelstahl mit horizontal angeordneten Sicken.

und bahnkörper wurden berücksichtigt. wir haben, um den fahrerstand möglichst gross zu gestalten, die elektrischen anlagen wie sicherungen etc. in die decke verlegt. leider war es uns nicht möglich, die messinstrumente und bedienungsaggregate, die im allgemeinen von verschiedenen firmen geliefert werden, auf einen formalen nenner zu bringen. wir haben sie aber möglichst sauber und übersichtlich angeordnet und auch die anordnung des sitzes und die lage des fahrpedals so gewählt, dass eine verkrampfte fusshaltung des fahrers entgegen dem ursprünglichen projekt vermieden wurde.

viel arbeit bereitete uns die gestaltung der fahrgastsitze. es war ein interner

streit ausgebrochen, ob die sitze gepolstert oder ungepolstert sein sollten. wir aber hatten uns in eine extreme leichtbauweise verliebt und waren somit gegner von gepolsterten sitzen, vor allem da diese fahrzeuge doch nur im kurzstreckenverkehr benutzt werden. um hier unser ziel zu erreichen, haben wir ein neues wort geprägt ›psychologischer sitzkomfort‹. in wirklichkeit heißt dies nichts anderes als die visuelle vortäuschung einer bequemlichkeit, die realiter nicht da ist. es ist uns gelungen: die sitze sind ungepolstert.
ähnlich verfahren haben wir bei den gepäckraufen. wir haben sie auf ein minimum reduzieren können, nachdem wir einwandfrei festgestellt hatten, dass nur 1,2% der fahrgäste die gepäckraufen im nahverkehr benützen. auch die indirekte innenbeleuchtung wurde von unserem auftraggeber akzeptiert, nachdem wir gemeinsam mit der waggonfabrik modelle in wirklicher grösse erstellt hatten ...« (Hans Gugelot)
(Aus Vortrag zum Thema: »Der Designer in der heutigen Gesellschaft«, gehalten in Stockholm im Mai 1963, S. 25–27).

Lit. u. a.: 43, 46, 51 (Kat. 1963, Nr. 401), 61, 65, 66 (S. 28/29), 100 (Bd. 1, S. 203; Bd. 2, S. 210), 106, 169.

Nähmaschine (Gritzner-Kayser), 1959

Die Firma Gritzner-Kayser war 1959 Eigentum der Pfaff AG. Parallel zu den Entwicklungen von formal neuartigen Pfaff-Nähmaschinen sollte auch für die Tochterfirma ein neues Gerät konzipiert werden.

»... zu der aufgabe gehörte noch, eine etwas andere form für die gleiche maschine zu finden, die durch eine tochterfabrik produziert werden sollte – und zwar so, dass für einen laien die beiden maschinen nicht als gleiche maschinen zu erkennen sein sollten: also eine ähnliche aufgabenstellung wie bei dem einen radio-gerät...« (Hans Gugelot)
(Aus Vortrag zum Thema: »Der Designer in der heutigen Gesellschaft«, gehalten in Stockholm im Mai 1963, S. 15).

Lit. u. a.: 44, 66 (S. 25), 102, 170.

Entwicklung:
H. Gugelot,
Herbert Lindinger,
Helmut Müller-Kühn.
Auftraggeber:
Gritzner-Kayser,
Karlsruhe.
Konstruktiv die gleiche Maschine wie »Pfaff 80«.
Gehäuse aus Grauguß, Bedienungsmittel aus Kunststoff. H. 26;
Br. 37,5; T. 18 cm.

Rasierer »Braun sixtant«, 1961

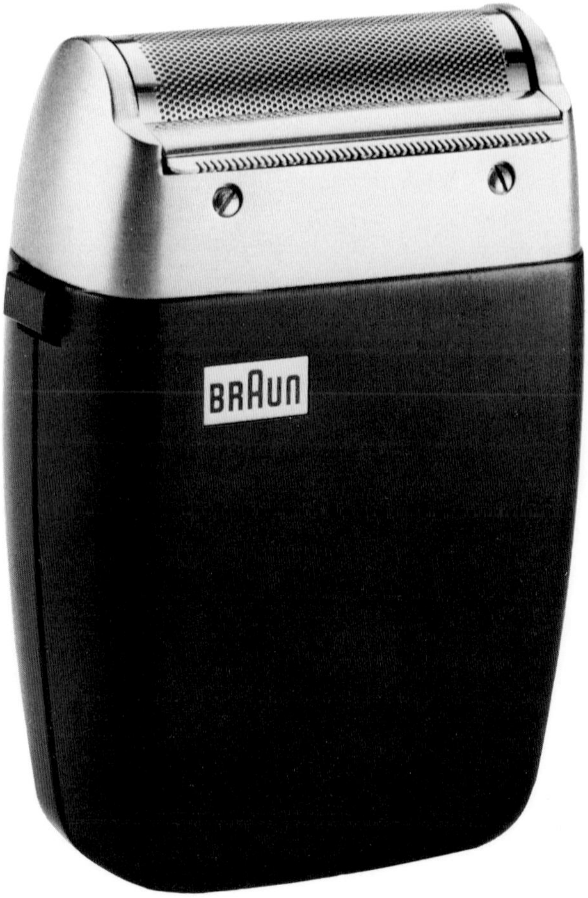

Weltweit der konstruktiv beste und formal edelste Netzrasierer der sechziger Jahre. Seine Form basiert auf dem 1960 von Gerd Alfred Müller für Braun konzipierten Netzrasierer »SM 3« und dessen Konstruktion. Verbessert und nuanciert wurde jedoch das Schersystem und dessen Klinge ebenso wie die Gesamterscheinung.
Erstmals wird bei diesem Gerät durch Hans Gugelot die Wirkung von Schwarz und Silber zu einem Präsentationswert gesteigert. Diese Farben sollten von nun an Teil des corporate identity der Firma Braun werden.
Jedoch bewirken dies nicht die Farben allein, sondern vor allem die haptisch und optisch eindrucksvolle Oberflächenbearbeitung, die simplen schwarzen Kunststoff und Chromstahl durch Bürstung als edles Material erscheinen läßt.

Diese Wirkung wird durch eine ähnlich geartete Kassette unterstützt.
Mit diesem ab September 1962 ausgelieferten Gerät (H. 10; Br. 7; T. 3,2 cm) wurde ein international wirksames Beispiel gesetzt, ein neuer Standard, der durch Kopie und Annäherung überall Nachfolger fand. Die Farbgebung: Schwarz und Silber wurde jedoch nicht nur bei gleichen Geräten, sondern in der ganzen Welt ebenso in der Kamera-, Radio- und Phono-Industrie über Jahrzehnte wegweisend und zur Standardfarbgebung.

Die Entstehung des Gerätes schildert Erwin Braun wie folgt: »... Zurück zu Braun, wo 10 Jahre vor uns Max Braun schwarze Rasierer baute, wie vor ihm eine US-Fabrik und vor uns eine andere. 1961 kamen wir in Gesprächen (Hans Gugelot) auf schwarze Rasierer zurück, gegen unsere Farbprinzipien für Gegenstände zur Körperpflege. Ich war aus verschiedenen Gründen in den Aufsichtsrat der BAG (Braun AG) gegangen und von exekutiven Pflichten frei. Ich studierte mit Dir (Hans Gugelot) ein neues Produkteprogramm hoch über dem bestehenden Braun-Qualitätsniveau. Wir arbeiteten u. a. mit verschiedenen Geräten aus der laufenden Braun-Produktion. Im Dezember 1961 skizziertest Du auf einer Bank am verschneiten Zürichberg einen neuen Rasierertyp. Im Januar erhielt ich Dein sorgfältig ausgearbeitetes Muster, welches 1:1 zum Sixtant wurde. Es war das wichtigste Modell für den von Albrecht Schultz geführten großen Markterfolg in Europa und Japan.« (Zs. form Nr. 90, 1980, 103).

Lit. u. a.: 51 (Kat. 1963, Nr. 354; 1967, Nr. 49), 78, 100 (Bd. 1, S. 106); 115, 116, 122, 148 a, 161, 163, 164, 170, 171, 172.

Fotokopiergerät »L 250«, 1962

Schematische Funktionszeichnung des noch auf Entwicklerflüssigkeit angewiesenen, heute zwar technisch aber nicht formal überholten Kopiergeräts.

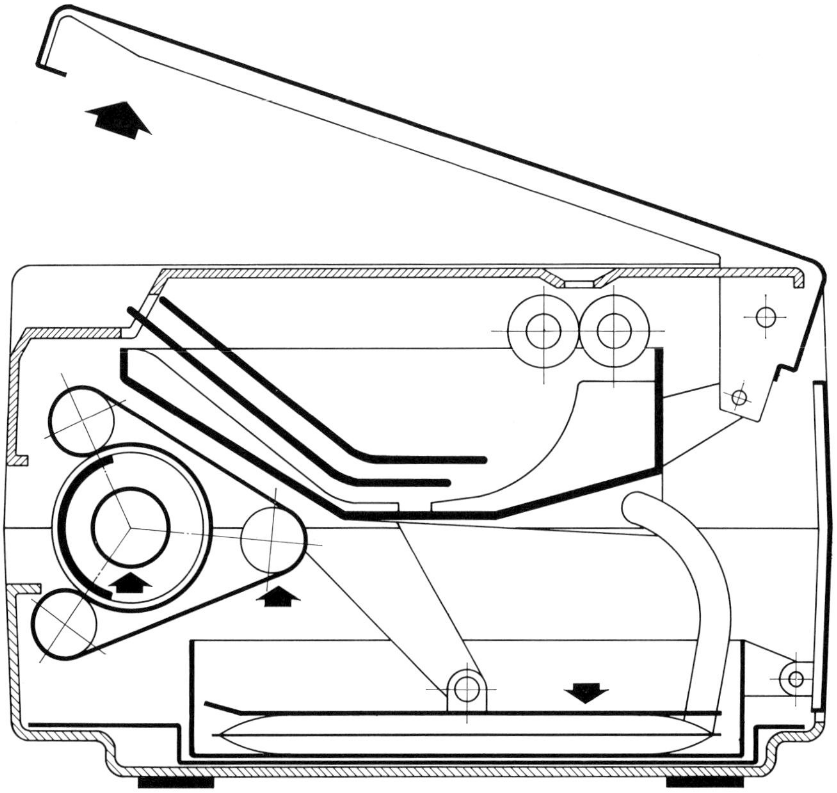

Konstruktive Beratung und formale und funktionelle Entwicklung:
Hans Gugelot und Hans Sukopp.
Auftraggeber und Hersteller: Lumoprint, Zindler KG., Hamburg. Zum Kopieren von Vorlagen in gebräuchlichen Normalformaten bis DIN A4. (Das formal gleiche Gerät »L 400« ermöglichte das Kopieren bis DIN A3).
Der Deckel steuerte folgende drei Funktionen: 1. Einschalten der Beleuchtung; 2. Einschalten von Motor und Kühlung; 3. Einpumpen der Entwicklerflüssigkeit.
Durch Betätigung des Drehknopfes (rechts) wurde die Beleuchtungsstärke geregelt.
(Erstmals veröffentlicht während der Ausstellung »SICOB«, Paris 1962).
Durch ein Buch-Kopiergerät und einen Blattspender wurde 1963/64 das Fotokopiergerät zu einem formal verwandten Gerätesystem erweitert.

Lit. u.a.: 51 (Kat. 1963, Nr. 402; 1964, Nr. 207–209), 62, 65, 66 (S. 18), 67, 78, 81, 82, 96, 102, 106, 115, 170, 171; ferner: form Nr. 22, 1963, 58 m. Abb.

»...schon damals war uns bewusst, dass eine der wichtigsten aufgaben auf dem design-gebiet das ordnen ist. wir haben gelernt, dass wir bei der anwendung von wenig formalen mitteln zu den besten ergebnissen kommen. so habe ich eine theorie für kurven und radien entwickelt, die noch heute konsequent in unserer arbeit verwendet wird. diese theorie besagt, dass man an einer ecke, wo drei kanten zusammenstossen und man an diesem punkt mit drei gleich grossen radien operiert, beim zusammenstossen dieser kanten ein kugelsegment erhält.

Fotokopiergerät
»L 250«.
Gehäuse aus Kunststoff (Polystyrol),
Deckel aus Edelstahl.
H. 16; Br. 46;
T. 26 cm.

diese kugel erscheint als fremdkörper und daher mit einer aktivität, die ihr sinngemäss nicht zukommt. verwendet man aber zwei verschiedene radien, wird der kleinere um den grösseren radius geführt. das ergebnis ist, dass sich der kleine radius in seiner konsequenz fortsetzt an der ihm um 90° zugeordneten kante. es gibt daher drei grundlegende möglichkeiten, einen quader mittels seiner radien an den kanten zu gestalten, wobei die drei ergebnisse sich voneinander grundlegend unterscheiden. bei allen ergebnissen gibt es doppelt so viele kanten, also acht, mit kleinem radius, als es kanten mit grossem radius gibt. selbstverständlich lässt sich die stufung der beiden radien beliebig variieren, so dass man in der praktischen anwendung dieser theorie geradezu unendlich viele möglichkeiten hat, einen quader durch die verrundung seiner kanten zu variieren. ein praktisches beispiel für die anwendung dieses verfahrens ist das bürokopiergerät, das wir für die firma lumoprint, hamburg, entworfen haben. die ordnung dieses gerätes besteht aber auch darin, dass wir einen deckel vorgesehen haben, der fast sämtliche funktionen des gerätes steuert. lediglich die einstellung der lichtstärke wird an einem separaten bedienungsknopf vorgenommen. man sieht sehr deutlich, dass die horizontal liegenden und parallel zur längsachse des gerätes verlaufenden kanten mit den grossen radien versehen sind, die übrigen 8 kanten, also die kanten der stirnflächen, mit kleinen radien. man erhält hierdurch eine betonung der stirnfläche und dadurch eine fast rohrförmige erscheinung des gerätes.
hierdurch erscheint das gerät nieder und lang, und hätten wir die langen seiten des gerätes mit kleinen radien versehen, wäre das gerät bedeutend kürzer und auch höher erschienen. die natürliche konsequenz dieser gestaltung bedingt, dass wir das gehäuse vom boden lösen, was, da das gerät teilweise mobil eingesetzt wird, zum tragen ein vorteil ist. im weiteren hat es sich erwiesen, dass im werkzeugbau diese anwendung unserer theorie ein vorteil ist ...« (Hans Gugelot) (Aus Vortrag: »Der Designer in der heutigen Gesellschaft«, gehalten in Stockholm im Mai 1963, S. 21/22).

Filmkamera
»Movex auto-8«, 1962

Prototyp, nicht funktionsfähiges Modell. Flaches hochrechteckiges Gehäuse mit abgerundeten Ecken und Alublechverkleidung. Breitseite teilweise schwarz beledert. Ohne Objektiv und Sucher. Zum Filmeinlegen kann die Kamerarückseite schuberartig abgezogen werden.
H. 13,5; Br. 2,5; T. 8,3 cm.
Auftraggeber: Agfa-Gevaert, München.
Besitzer: Die Neue Sammlung, München.

»... viel später, als wir mit einem grossen kamera-werk für die entwicklung einer neuartigen kamera in zusammenarbeit standen, pflegte der chefkonstrukteur uns (in hochschule für gestaltung, ulm) regelmässig zu besuchen, um sich über den fortgang der arbeiten zu orientieren. bei einem seiner besuche traf er in unserer abteilung einen japanischen studenten ...
unser projekt wurde um diese zeit als sensationell neu bezeichnet. der chefkonstrukteur war über die tatsache, dass so nahe an dem ort, wo die geheimste entwicklung für seine firma stattfand, japaner frei herumliefen, ganz geschlagen. sie können sich vorstellen, wie viele whiskies es gebraucht hat, um diesem mann wieder auf die beine zu helfen. übrigens ist dieses kleine gerät heute noch nicht auf dem markt ...«
(Hans Gugelot)
(Aus Vortrag zum Thema: »Der Designer in der heutigen Gesellschaft«, gehalten in Stockholm im Mai 1963, S. 18/19).

Dynamo-Handleuchte »DT 1«, 1963

Gehäuse aus Kunststoff, Bügel aus Zinkdruckguß, verchromt. L. 11,2; Br. 5,4; T. 3,2 cm. Durchm. (Reflektor): 5 cm.
Gewicht: ca. 250 g.

Konstruktive Beratung und formale Entwicklung:
Hans Gugelot und Hans Sukopp.
Auftraggeber: Braun AG, Frankfurt.
Griffgünstiger Leuchtenkörper mit großem Reflektor.
Hochleistungsgetriebe mit 8poligem Dynamo. Auswechselbare Filter in verschiedenen Farben. Ausgestellt u. a. 1964 im LGA-Zentrum Form, Stuttgart, und während der »Dokumenta« in Kassel.

Lit. u. a.: 51 (Kat. 1964, Nr. 182), 67, 102.

Dia-Projektor »Carousel S«, 1963

Hans Gugelot berichtete in der Zeitschrift »form« über diese Entwicklung:
»heute einen neuen automatischen stehbild-projektor entwerfen, heisst von einem bestehenden magazin ausgehen. in deutschland hat sich das leitz-magazin weitgehend durchgesetzt. in amerika existiert noch eine andere magazinform: das rundmagazin von kodak für 80 dias. beide magazine hatten den nachteil, dass man sie in schachteln aufbewahren musste, weil die dias nicht staubgeschützt gelagert waren. das braunmagazin zum beispiel hatte zwar einen deckel und konnte damit verschlossen ohne schachtel aufbewahrt werden, aber es konnte sich trotz dieses vorteils nicht durchsetzen, wohl auch deshalb, weil die dias ganz versenkt wurden und sich schwierig von hand entnehmen liessen. ähnlich war in dieser beziehung das amerikanische kodak-magazin konzipiert. auch hier waren die dias durch den hohen äusseren rand völlig versenkt. ein ring in der mitte verhinderte das herausfallen der dias.
es ist klar, dass in einem rundmagazin die dias nicht so raumsparend untergebracht werden können wie in einem längsmagazin. andererseits lässt sich aber ein dia-programm im rundmagazin kontinuierlich vorführen, was für die diawerbung oder bei ausstellungen, vor trägen und ähnlichem von vorteil sein kann. bei der überarbeitung des kodakmagazins durch das institut für produktentwicklung wurde der aussenrand tiefer gesetzt, so dass etwas mehr als ein drittel der dias sichtbar ist. ein neuer durchsichtiger kunststoffdeckel schützt die dias staubdicht ...
innerhalb der bearbeitung des projektors waren folgende bedingungen zu erfüllen:
projektion vorwärts und rückwärts,
freie beweglichkeit des magazins, um nach wahl die dias in einer x-beliebigen reihenfolge zeigen zu können,
berücksichtigung fester gegebenheiten wie: neu entwickelte jod-glühlampe 24 V 150 W,
vorgegebenes optisches system,
umbauter raum eines transformators.
selbstverständlich waren auch forderungen gestellt, die dem heutigen stand der technik entsprechen, wie zum beispiel: fernbedienungskabel, objektiv-verstel-

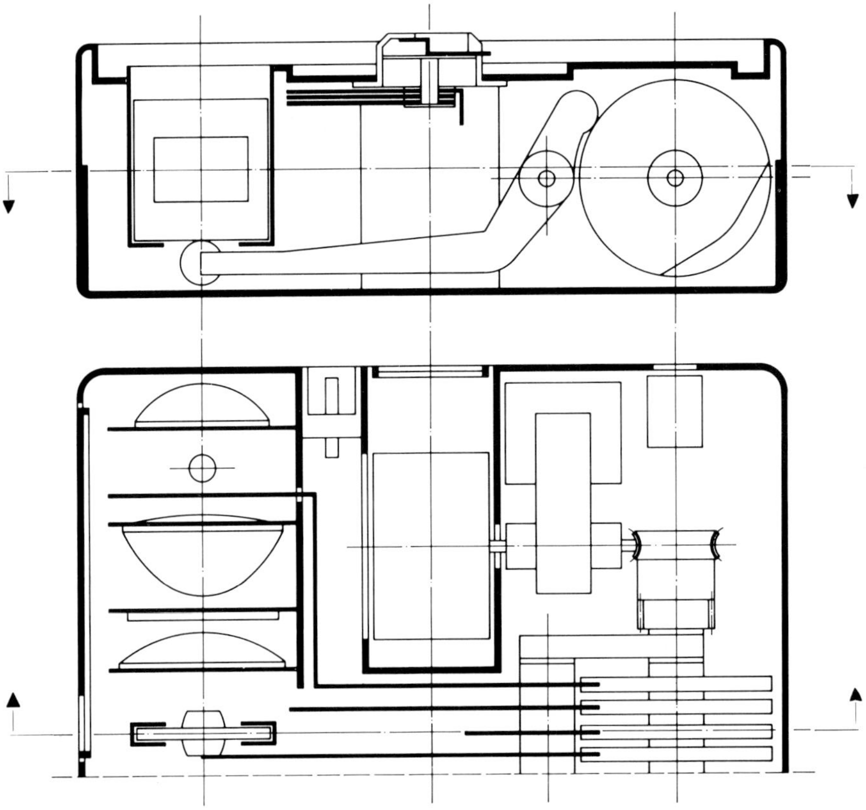

Schematische Darstellung des Aufbaus des Diaprojektors »Carousel S«. Das Gerät wurde von H. Gugelot und dem Gugelot-Institut in enger Zusammenarbeit mit den Konstrukteuren der Kodak AG, Stuttgart, entwickelt und wird dort bis heute, mehr als 20 Jahre, mit nur geringen formalen Änderungen hergestellt. Diese lange Produktionszeit ist ungewöhnlich und belegt die hohe Innovationskraft der Entwicklung.

Elektro-Quirl, 1963/64

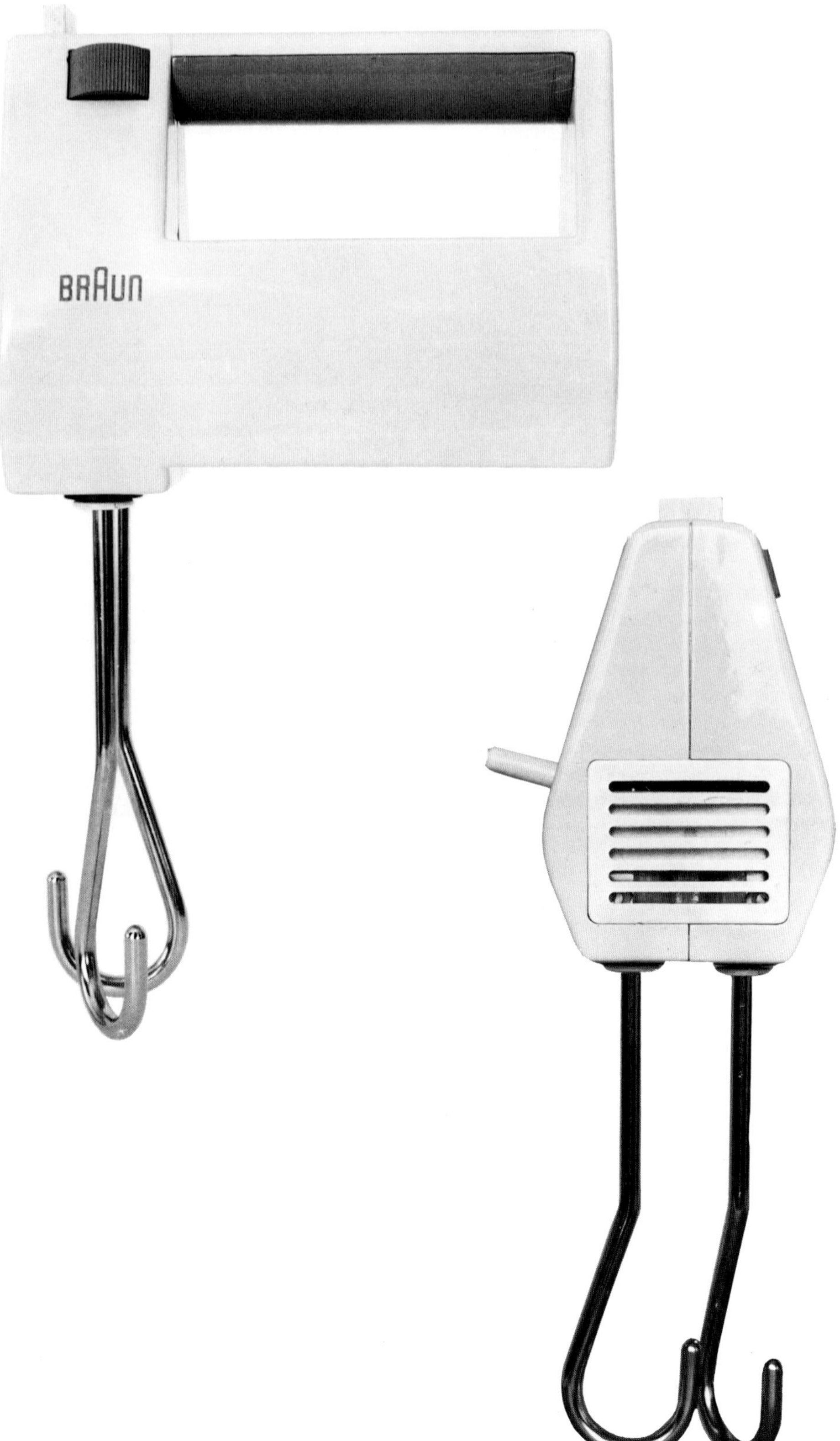

Prototyp eines für Braun entwickelten Elektro-Handrührers. Das bei Braun 1968 in Produktion gegangene Gerät »M 140« zeigt enge Verwandtschaft mit dieser Konzeption. (Vgl.: Design: Dieter Rams &. Berlin 1980, S. 156, Nr. 121).

Radialbohrmaschine, 1963/64

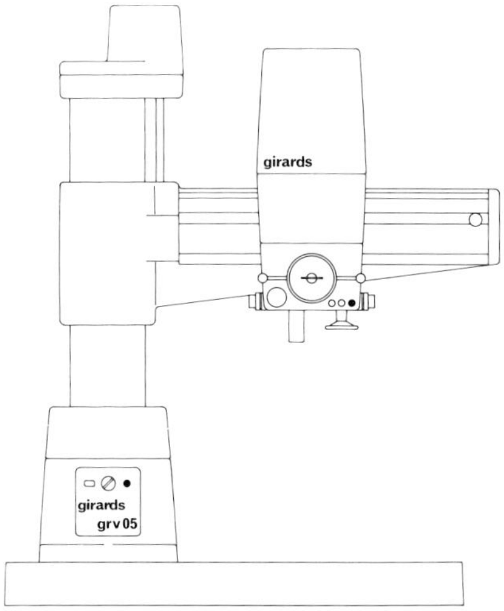

Die Aufgabenstellung zielte auf die Entwicklung einer neuartigen Radialbohrmaschine, die eine erhöhte Wirtschaftlichkeit, vereinfachte Bedienung und einen zeitlich verkürzten Aufwand für die Arbeitsvorbereitung aufwies. Bereits in einem ersten Entwurf (Zeichnung oben rechts) wurden Grundplatte, Säule und Auslegearm klare Formen gegeben und zugleich Schmutzecken beseitigt. Gleichzeitig erfolgte eine Umhüllung der Antriebselemente. In der Weiterentwicklung schenkte man dem Bohrschlitten (Abb. unten) besondere Aufmerksamkeit. Dort wurde die Bohrspindel an den linken Rand versetzt und damit die linke Seite für die Konzentration von Skalen gewonnen. Die Konzipierung der Bedienungselemente erfolgte unter ergonomischen Aspekten.
Da die Maschine häufig von ungelernten Arbeitern bedient wurde, war es erforderlich, die Bedienungsvoraussetzungen möglichst übersichtlich zu ordnen. Infolgedessen wurden alle Bedienungselemente zusammengefaßt und vergleichende Skalen standen sich gegenüber. Zur Steuerung automatischer Arbeitsabläufe verwandte man Drucktasten, wobei jede Taste nur einen Arbeitsgang auslöste. (Nach [Kat. Ausst.] Aufgabe und Lösung. Die Neue Sammlung. München 1966).

Lit. u. a.: 72, 84, 100 (Bd. 1, S. 220; Bd. 2, S. 226), 102, 103, 105.

Formale Überarbeitung einer Radialbohrmaschine.
Design: H. Gugelot mit Gugelot-Institut.
Konstrukteur und Hersteller: Girard Werkzeugmaschinen GmbH, Hagen.
Ausführung in 4 Modellen mit 16 Baugrößen von 2,8 bis 3,6 m Höhe.
Linke Seite: Ausgangspunkt der Entwicklung: Alte Radialbohrmaschine; rechts: erster Entwurf.
Unten: Neuentwikkelter Bohrschlitten
Rechte Seite: fertiggestellte Radialbohrmaschine.

Messestand
Schaltschrank »WS 1«
Ölbrenner »WL 1«, 1963/64

Entwicklung des Messestandes, konstruktive und formale Bearbeitung des Schaltschrankes und formale Beratung bei Konzipierung des Ölbrenners: Hans Gugelot und Hans Sukopp in gugelot design gmbh, Ulm. Auftraggeber: Max Weishaupt GmbH, Schwendi.

Der Messestand stellte ein System aus Rasterfeldern dar; aus U- und Z-Blechen mit eingehängten Plexiglaswannen wurde die Deckenkonstruktion gebildet. Als vertikale Elemente waren transparente und massive Trägerplatten vorgesehen. Der Grundriß des Standes war modifizierbar. Verwendet bei der Internationalen Fachausstellung Sanitär- und Heizungstechnik. Herbst 1963, Frankfurt/M. Dort wurde auch der Schaltschrank erstmals gezeigt.

Ölbrenner »WL1«
Geeignet für die Beheizung von Ein- und Zweifamilienhäusern, für Etagenheizung, Hotelküchen und Herde. Das Gerät arbeitete vollautomatisch und war an jede Kesselkonstruktion anpaßbar. Die Montierung war in verschiedenen Lagen möglich. Grundkörper aus Druckguß, Brennerhaube aus Edelstahl, zentrales Bedienungselement. H. 31; Br. 32; T. 25 cm. (Nach: Veröffentlichung der gugelot design gmbh. Vgl. Lit. Nr. 102).

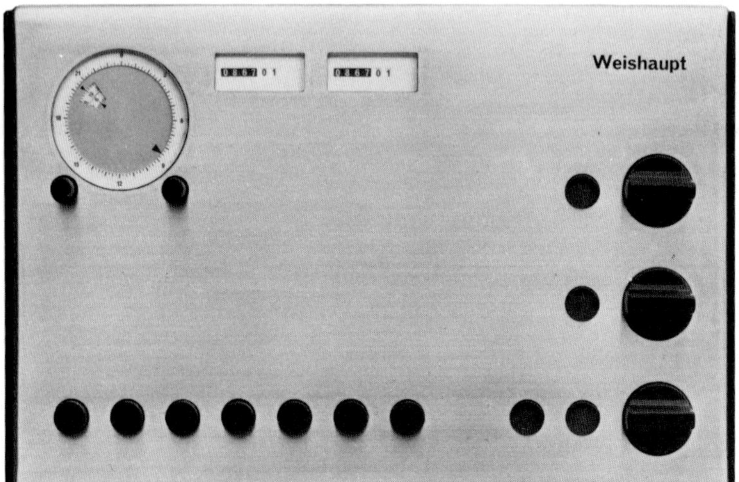

Schaltschrank »WS1«
Das Gerät war auf ein- oder zweistufige Anlagen in Tag- und Nachtschaltung, nach Belieben mit Betriebsstundenzähler und für verschiedene Stromarten, einstellbar und konnte verschiedenen Anlagen angepaßt werden. Montageplatte und Seitenteile aus Kunststoff, U-förmige Abdeckplatte aus gebürstetem Chromstahl.

Lit. u. a.: 51 (Kat. 1964, Nr. 253–255), 70, 100 (Bd. 1, S. 111; Bd. 2, S. 85), 102; ferner: form Nr. 24, 1963, 50 m. Abb.

Zerlegbarer Sessel »4065«, 1964

Entwurf: H. Gugelot mit Gugelot-Institut. Auftraggeber und Hersteller: Alfred Kill GmbH, Fellbach bei Stuttgart. Verchromtes, zerlegbares Metallgestell mit vier Eckstützen. Die Polster aus Latex-Schaumgummi wurden mit Lederschlaufen am Traggestell befestigt. Unterfederung bestand aus Gummigurten. Bezug: Leder. H. 79; Br. 78; T. 68 cm. Sitzh. 37; Sitzt. 52 cm. Erstmals ausgestellt während der Internationalen Möbelmesse Köln, 1964. Der Sessel stellt ein Elementsystem dar.

Lit. u. a.: 102

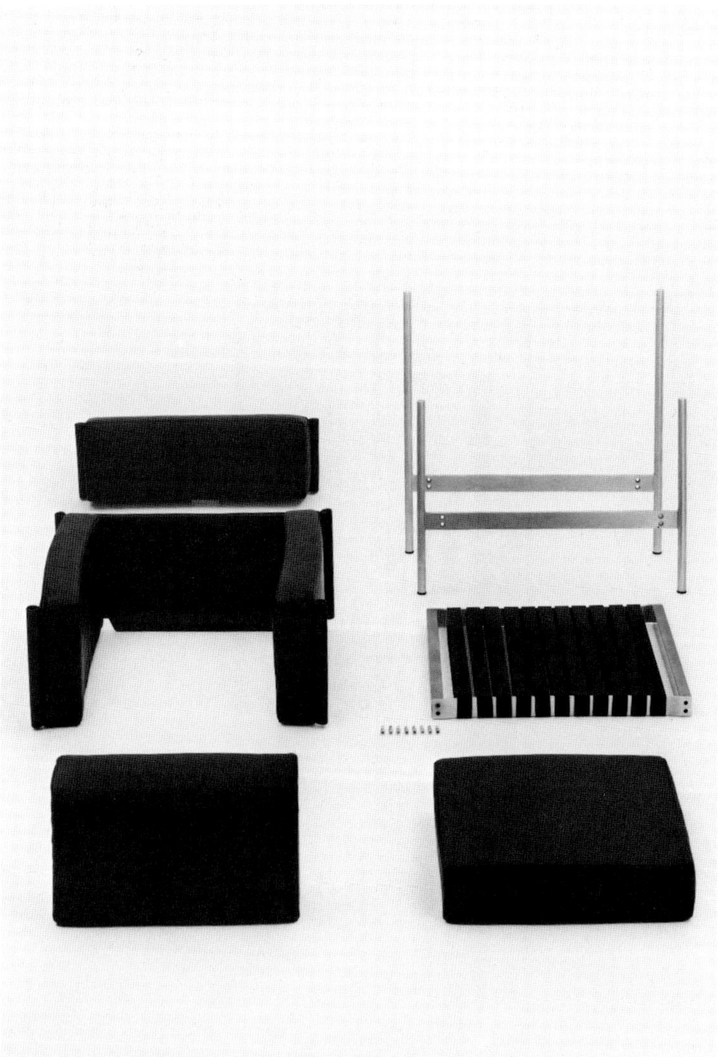

Zerlegbarer Sessel »GS 1076«, 1964

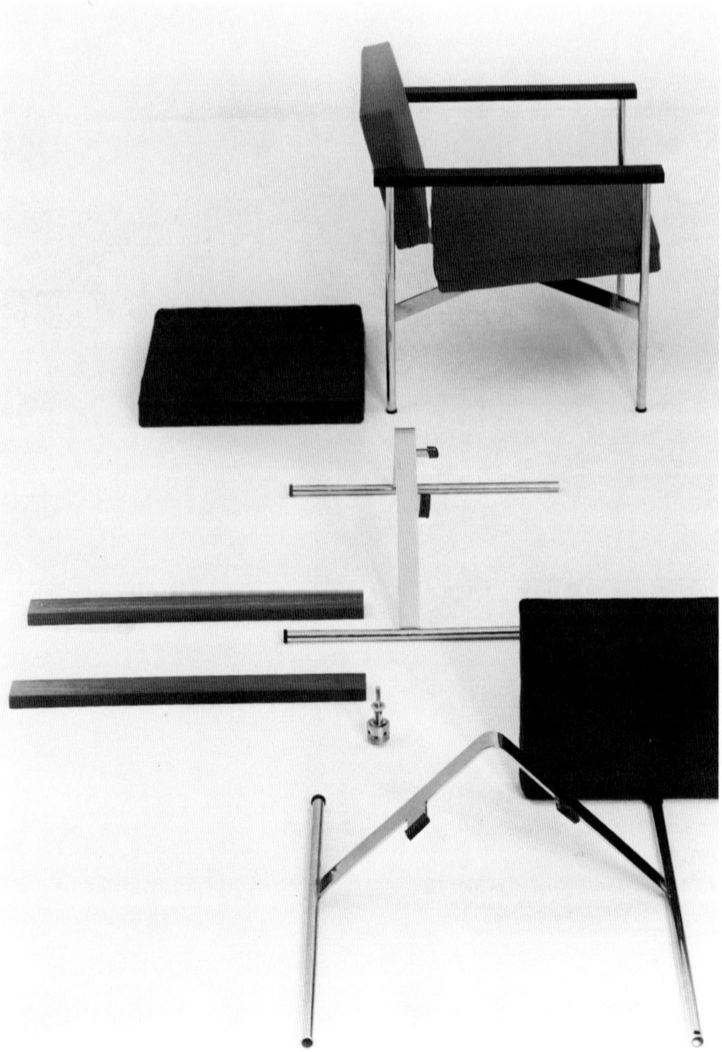

Entwurf: H. Gugelot mit Gugelot-Institut. Auftraggeber und Hersteller: Wilhelm Bofinger, Ilsfeld. Zerlegbarer Sessel für Wohnung und Büro. Metallgußgestell hochglanzverchromt, Armlehnen Birnbaum (schwarz gefärbt), Sitz und Lehne gepolstert.
H. 68; Br. 60;
Sitzh. 38; T. 66 cm.

Faltschrankwand, 1964

Faltschrankwand mit 62,5 cm breiten Türelementen. Ebenso wie das Möbelsystem »M 125« ist auch diese Wand auf dem Breitenmodul von 12,5 cm aufgebaut.

Entwurf: H. Gugelot und gugelot design gmbh.
Auftraggeber und Hersteller:
Wilhelm Bofinger, Ilsfeld.

Lit. u. a.: 71, 100 (Bd. 2, S. 101), 111, 113, 116, 152.

Kunststoff-Experimentier-Auto, 1964–1967
Sicherheitsauto, 1971/72

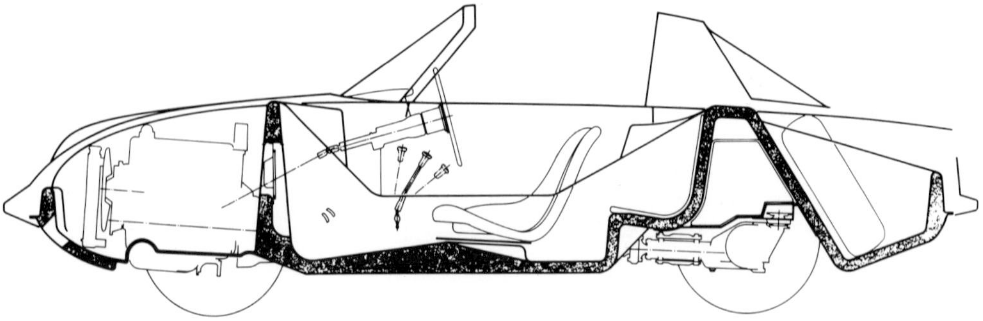

Erstes Sportwagencoupé der Welt mit selbsttragender Bodengruppe aus Chemiewerkstoff 1964–1967. Vorgestellt auf der »K67« in Düsseldorf. Oben und Mitte Schnittmodell der ausgeschäumten Bodenwanne und des aus Polyurethan-Schaumstoff gefertigten Karosserieaufbaus. Heute bewahrt im Deutschen Museum, München. Daraus abgeleitet Sicherheitsauto für BMW (Abb. unten) in Stahl/Hartschaum-Sandwich-Bauweise 1971/72. Entwurf, Konstruktion und Gestaltung: gugelot design gmbh im Auftrag der Bayer AG, Leverkusen, und der BMW AG, München.

Lit. u. a.: 51 (Kat. 1971, Nr. 9), 100 (Bd. 2, S. 197), 146. ferner: form Nr. 1 81, 1978, 52 m. Abb.

Kleinformatiges Radio-Kombinations-System, 1964/69

Das System besteht aus: Akku-Block, Radio-Empfänger, Lautsprecher (Verstärker im Lautsprecher integriert = activ-box), Cassetten-Recorder, Digitaluhr, Mikrophon. Verbindungen waren als Mehrfachstecker vorgesehen. Größe der Cassette 25,5 x 26 cm; Breite der Units: 10,7 cm. Entwicklung und Gestaltung: Interelectric AG, Schweiz, und gugelot design gmbh.

Den auf diesen Seiten erstmals publizierten Geräte-Systemen liegt folgende auf Erwin Braun zurückgehende Zielvorstellung zu Grunde: Es sollte ein kompaktes, miniaturisiertes System geschaffen werden, das – wie viele andere Taschengeräte auch – am Netz aufgeladen werden kann, zusätzlich aber die Möglichkeit besitzt, bei Netzausfall oder in Notsituationen durch manuellen Kurbelbetrieb soviel Strom zu erzeugen, daß die gewünschten Funktionen möglich sind. Modelle für mehrere Systeme wurden zwischen 1964 und 1969 von der Interelectric AG in Sachseln (Schweiz) in Zusammenarbeit mit der gugelot design gmbh entwickelt.
U. a. entstand ein »Autarc-System«,

Element-System:
power pack, 1964/69

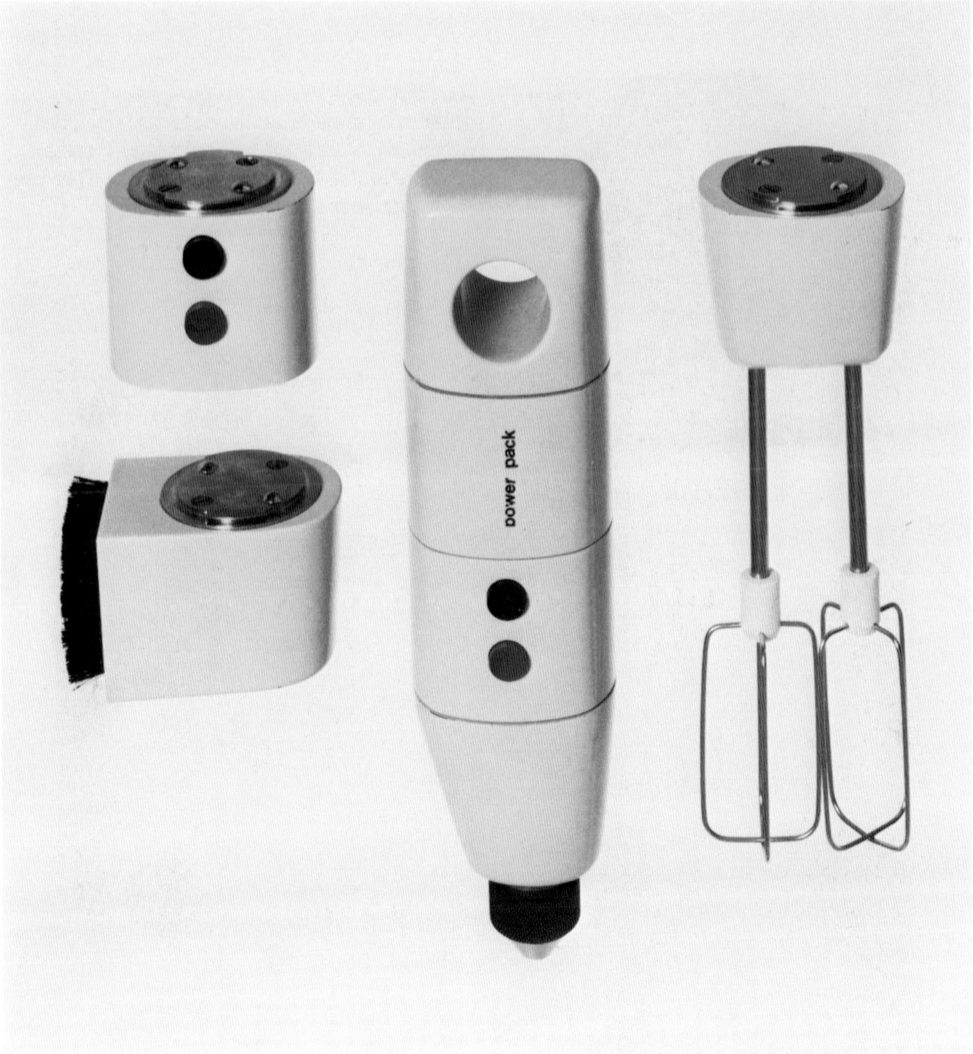

Bausteinsystem aus Akku-Block, Motor und Aufstellgerät, das beliebig kombinierbar ist. So kann man beispielsweise den Akku nicht nur mit einem Motor kombinieren, der selbst wieder ein Bohrfutter oder ein Rührwerk antreiben kann, sondern auch mit einem Lampenaufsatz zu einer Taschenlampe zusammenfügen. L. mit Bohrfutter 26 cm. Dieses System gibt es in einer weiteren, kleineren Version mit rundem Querschnitt. Entwicklung und Gestaltung: Interelectric AG, Schweiz, und gugelot design gmbh.

dessen Grundeinheit aus einem aufladbaren Akku, einem Motorgenerator und Getriebe mit Handkurbel bestand. An diese Elemente konnten Trockenrasierer, Lampen, Radioempfänger (mit eingebautem Lautsprecher und Stromsparschaltung) und weitere Kleingeräte, vom Geigerzähler bis hin zum Funkgerät, aufgesteckt werden.
Eine andere Version dieser Grundidee stellte ein kompaktes Radio-System dar (Abbildung linke Seite), bei dem beliebige Kombinationen unterschiedlicher Geräteeinheiten möglich wurden. Alle Verbindungen zueinander sollten durch Mehrfachstecker erfolgen, so daß keine Kabel erforderlich waren.
Das rechts wiedergegebene System »power pack« ermöglichte eine Kombination der Elemente durch Bajonettverschlüsse. Das Grundsystem ist immer: der Akku-Block, der Motor und eine beliebige Zahl von Aufsteckgeräten.

»linhof-viewer«, 1968
Material: Kunststoff, Metall. H.10,5; Br.10,5; T.18 cm; Konstruktion und Gestaltung: gugelot design gmbh für Linhof, Nikolaus Karpf KG, München.

Lit. u.a.: 51 (Kat.1968/69, Nr.122), 100 (Bd. 2, S.134), 108.

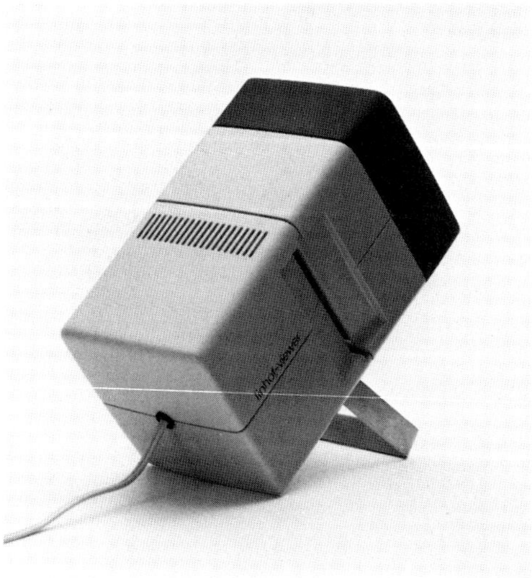

Erster Dia-Betrachter des Weltmarktes für Diapositive von 56 x 72 mm mit Panorama-Einblicklinse von 92 x 92 mm und Niedervolt-Beleuchtungssystem von gleichmäßiger Ausleuchtung. Ein Edelstahlbügel gibt dem Gerät maximale Standfläche als Tischbetrachter. Der Einblickaufsatz ist abnehmbar.

Spieltier »Gorky«, 1967
Gebildet aus sechs Bauelementen (40 x 30 x 25 cm) aus geschäumtem Kunststoff. Sie können beliebig zusammengestellt werden. Dadurch verwandelt sich die Gestalt des Spieltieres. Entwickelt durch die gugelot design gmbh für R. Koepp u. Co. AG, Oestrich/Rheingau. Produktion eingestellt.

Lit. u.a.: 100 (Bd. 2, S. 91), 110, 132.

Großtiefdruckmaschine, 1967/68

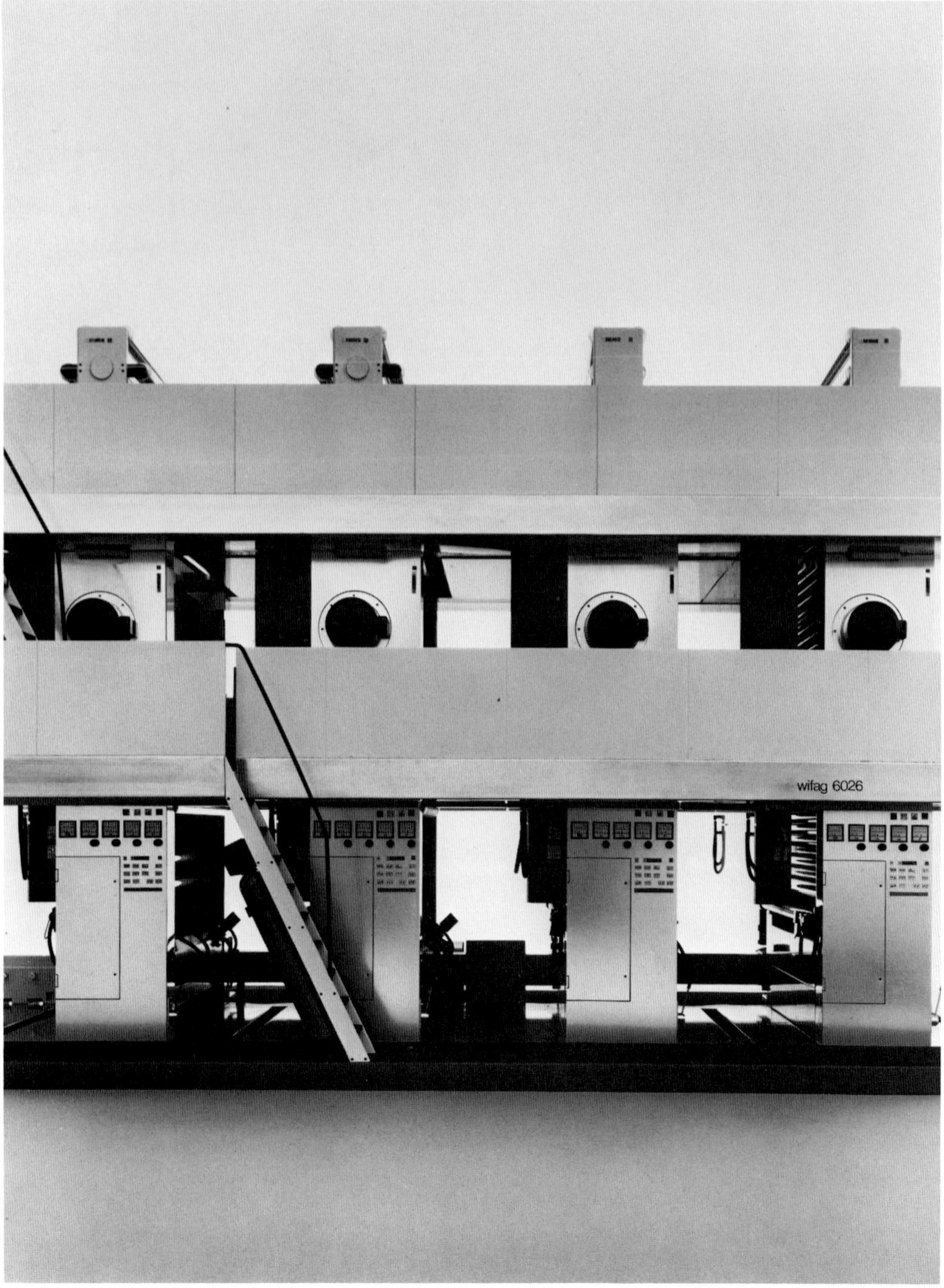

Gestaltung und Ordnung der Konstruktion: gugelot design gmbh für Wifag, Maschinenfabrik AG, Bern.

Heizkessel und Heizkesselsteuerung, 1968

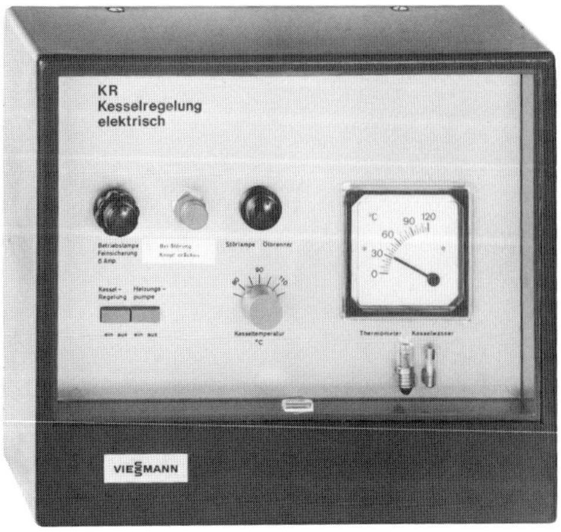

Heizkessel, Heizungssteuerung und Kesselregelprogramm von 20000 bis 6 Mio kcal/h für unterschiedliche Energieformen. Entwickelt von der gugelot design gmbh nach einem Baukastenprinzip für Viessmann Kesselwerk AG, Allendorf.

Lit. u.a.: 51 (Kat. 1971, Nr. 255), 100 (Bd. 2, S. 84), 109, 134.

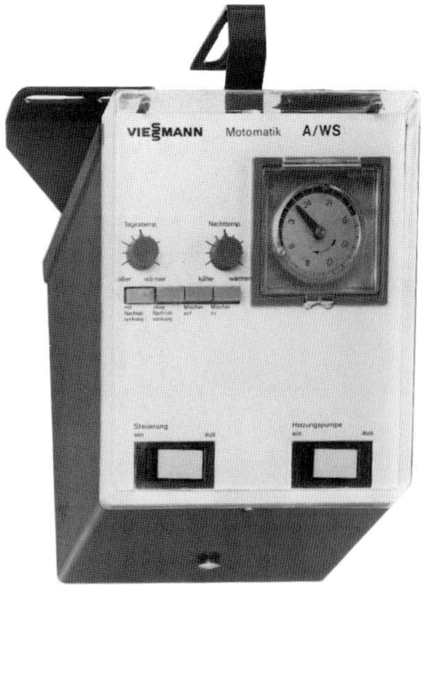

Pfaff-Nähmaschinen
»1221« und »1222«, 1968/69

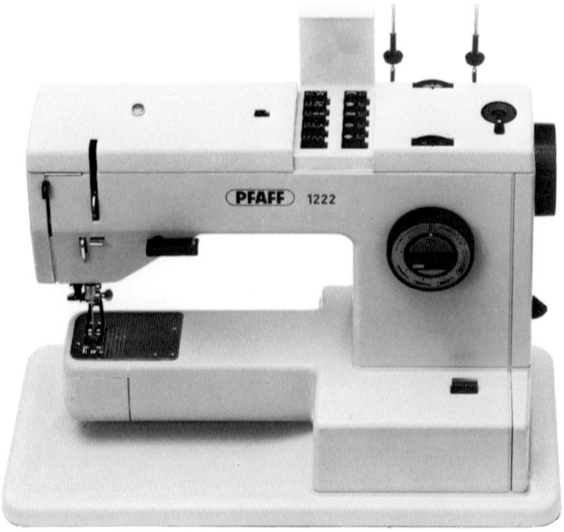

Haushaltsnähmaschinen (»1222« mit Freiarm) mit doppeltem Stofftransport. Sie besitzen einen Universal-Einstellknopf, der die Maschine steuert und durch den die Stichlängen, -breiten und -lagen vorgewählt werden. Am Kopf der Maschine – abgedeckt bei normaler Arbeit – Tastenprogramm für Zier- und Nutzsticharten. Die Nähgeschwindigkeit wird elektronisch gesteuert. Der Maschinenkoffer ist zugleich Behältnis für Nähzubehör. Entwickelt von der gugelot design gmbh für Pfaff AG, Karlsruhe-Durlach.

Lit. u.a.: 51 (Kat. 1971, Nr. 197), 100 (Bd. 2, S. 82), 124.

Batterieleuchten
»de Luxe, 621, 622«, 1969
Steuerungs- und Schaltgeräte, 1969

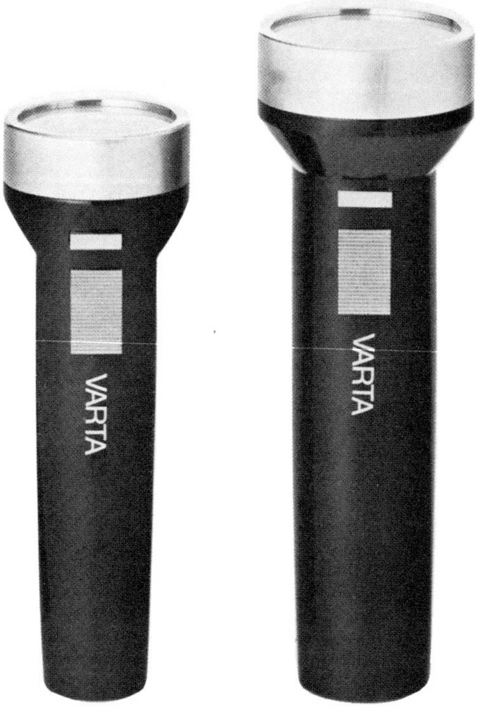

In den Jahren 1968 und 1969 entwickelte die gugelot design gmbh für Varta GmbH, Ellwangen, eine Reihe von Stableuchten für Primärzellen, 1969 u. a. diese Lampen mit ABS-Kunststoffgehäuse und mattverchromtem Gewindering, deren Reflektoren für große Reichweiten und für ein schattenfreies Nahlicht ausgelegt waren.

Lit. u. a.: 51 (Kat. 1970, Nr. 131), 100 (Bd. 2, S. 73), 107, 121.

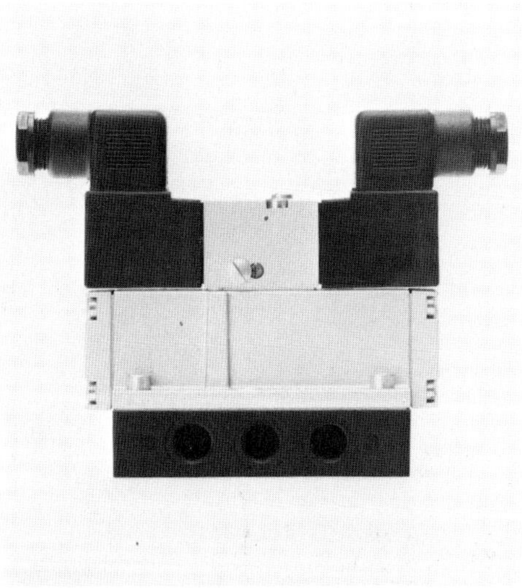

Im Baukasten-System entwickelte Ventilgerätereihe, welche die Umstellung vom pneumatischen zum elektrisch oder impulsgesteuerten Ventil ermöglicht. Abgebildet 5/2 bzw. 5/3 – Wegeventile. L. 110–170; Br. 46–95; H. 30–185 mm. Entwickelt von gugelot design gmbh für Concordia, Maschinen- und Elektrizitäts-GmbH, Stuttgart.

Lit. u. a.: 51 (Kat. 1970, Nr. 26), 136.

Elektronischer Drucker und Rechenmaschine, 1969/70

Links oben: Klarschriftdrucker als Addiermaschine. Rechts und unten: druckende, elektronische Rechenmaschine ETR 10. Entwickelt und gestaltet von gugelot design gmbh für Walther Büromaschinen GmbH, Niederstotzingen.

Lit. u. a.: 51 (Kat. 1969/70, Nr. 225), 100 (Bd. 2, S. 159), 125, 138.

Taschenleuchte, 1970
Kleinbildprojektor, 1969/70

Taschenleuchte »Diskus«, 1970, für Primärzellen. Kunststoffgehäuse in verschiedenen Farben. Durchm. 7 cm. Entwicklung der gugelot design gmbh für Braun AG, Frankfurt.

Lit. u. a.: 131; ferner: form Nr. 49, 1970, 48 m. Abb.

Automatischer Projektor »HP 24« für Minox-Dias 8 x 11 mm in Minox-Diarähmchen 3 x 3 cm. Scharfeinstellung durch elektromotorische Fernbedienung. Herausziehbarer Griffbügel an der Frontseite. Die Kommandoplatte mit dem Schalter zur Scharfeinstellung kann aus dem Gerät herausgenommen werden und wird so zum Griffstück der verkabelten Fernbedienung. Gehäuse aus weißgrauem Kunststoff. H. 13; Br. 33; T. 20,5 cm. Gestaltung: gugelot design gmbh. Konstruktion und Herstellung: Minox GmbH, Gießen.

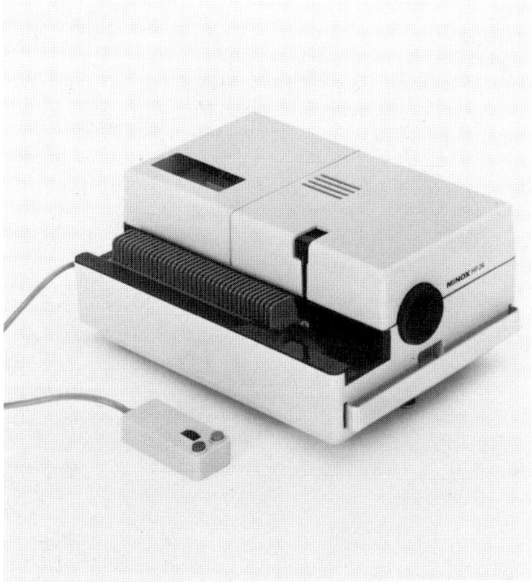

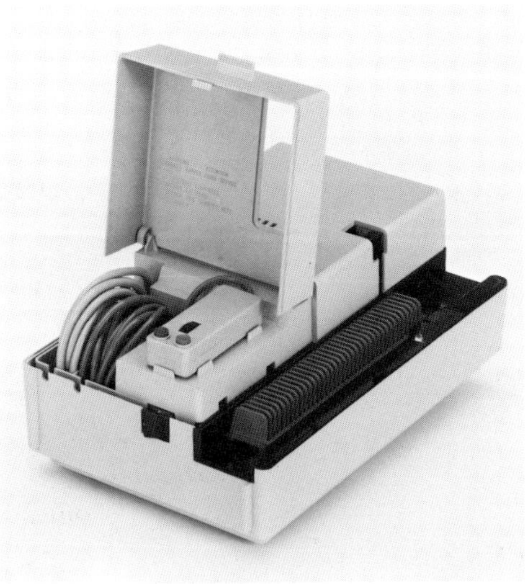

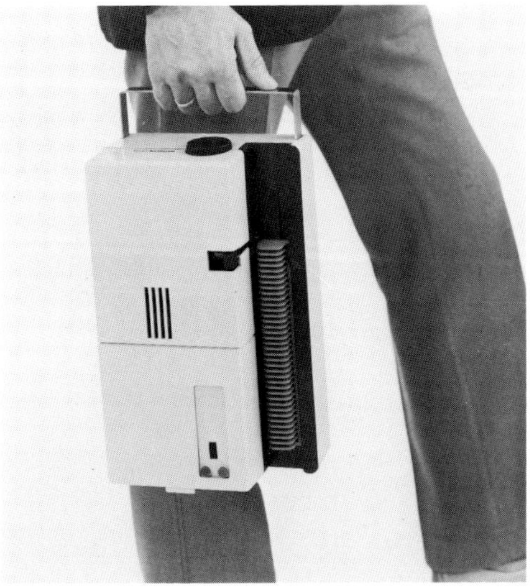

Lit. u. a.: 51 (Kat. 1971, Nr. 187), 140.

Hubschrauber »DO 132«, 1970

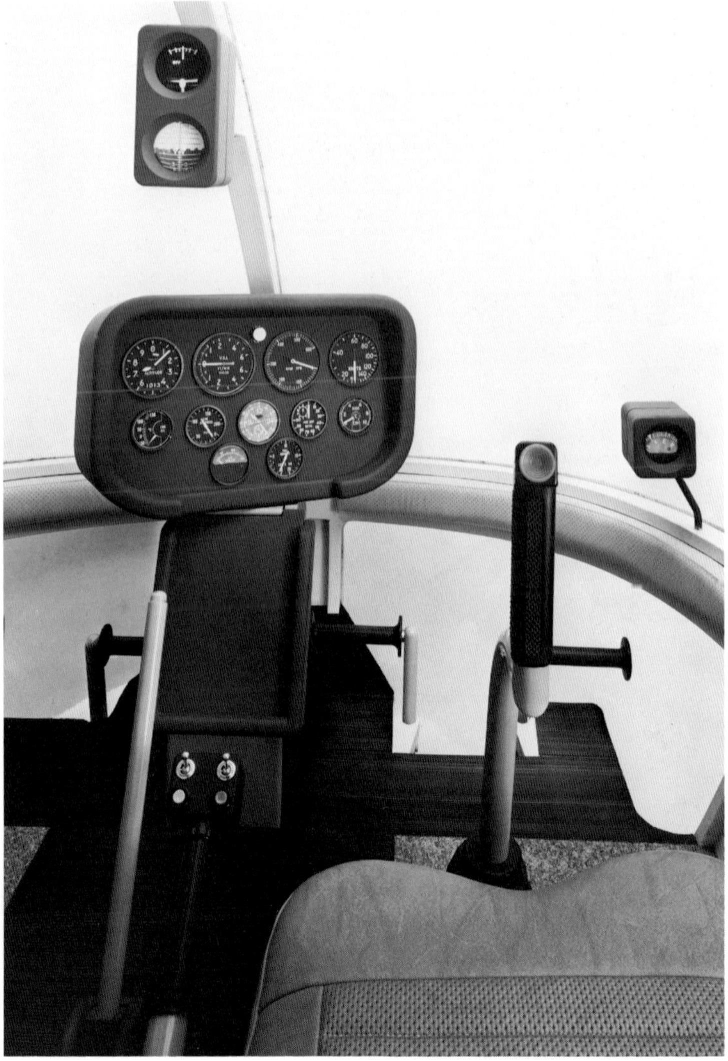

Gestaltung der Instrumentierung und Farbgebung des leichten fünfsitzigen Turbinenhubschraubers mit Heißgas-Reaktionsantrieb: gugelot design gmbh.
Rotordurchm. 10,70 m; Länge 7,50 m; Höhe 2,80 m; Leergewicht 675 kg; Nutzlast 480 kg; Reisegeschwindigkeit 220 km/h; Reiseweite 450 km.
Hersteller: Dornier GmbH, Friedrichshafen.

Lit. u. a.: 51 (Kat. 1971, Nr. 9), 100 (Bd. 2, S. 216).

Fernseh-Gerät, 1972
Räucher-Gerät, 1972

Das als Modell gezeigte Fernsehgerät war Teil eines für die Firma Blaupunkt entwickelten, neuartigen und eigenständigen Produkt- und »Firmengesichts«. Das Gerät wurde 1972 durch Horst Diener in der gugelot design gmbh konzipiert und wies formal, fertigungstechnisch und materialmäßig Eigenschaften auf, die erst etwa 10 Jahre später dem Marktgeschehen entsprachen.

»Atmos smoker«, ein zur Räucherung von Lebensmitteln entwickeltes Gerät. 1972 von Franz Preisinger in der gugelot design gmbh gestaltet. Auftraggeber: Atmos Lebensmitteltechnik GmbH, Glinde.
Das Gerät wird heute nicht mehr in dieser Form produziert.
Besitzer des Modells:
Die Neue Sammlung, München.

Vollkunststoff-Sicherheitssportwagen, 1973/74

Letzter Großauftrag der gugelot design gmbh. Entwicklung eines Vollkunststoff-Sicherheitssportwagens für die schwedische Firma Ottmar Beckmann Cars. Das Fahrzeug sollte ab November 1974 in Serie hergestellt werden, wurde jedoch aufgrund der Firmeninsolvenz nicht produziert. Der abgebildete funktionsfähige Prototyp ist zur Zeit verschollen. Das Vorhaben lastete im Jahr 1973 die Kapazität der gugelot design gmbh zu drei Vierteln aus.

Lit. u. a.: 150; ferner: form Nr. 65, 1977, 52 m. Abb.

Literaturhinweise

Eigene Schriften

001. Gugelot Hans, Vom Element zur Kombination. In: 1931–1956. 25 Jahre Wohnbedarf. Zürich 1956, 41–42 m. Abb.
Auf S. 60 »M-125-Geschirrschrank-Kombination«.

002. Gugelot Hans, Beschreibung und Analyse des Baukastensystems »M 125«.
Als Ms. 1959 abgefaßt. Abgedruckt in dieser Veröffentlichung.

003. Gugelot Hans, On the Training of Industrial Designers: SIA journal No 119, Jan. 1963, 6–9 m. Abb.
Abdruck des am 21. 11. 1962 gehaltenen Vortrages in London (Slade School).

004. Gugelot Hans, Praxis des Industrial Design: Ulm. Zeitschr. d. Hochschule für Gestaltung 7, Jan. 1963, 3–5.
Auszüge aus dem am 21. 11. 1962 in London gehaltenen Vortrag.

005. Gugelot Hans, Konsequenz bringt Erfolg: Süddeutsche Ztg. (zeitgemäße form) v. 13. 5. 1964.
Erwiderung H.G's auf den Beitrag von J. Klöcker in zeitgemäße form v. 29. 4. 1964: »Gutes Design ein schlechtes Geschäft?« – Dass. in: zeitgemäße form. München 1967, 106.

006. [Vortrag zum Thema]: Der Designer in der heutigen Gesellschaft [Ms. Archiv M. Gugelot].
Der Vortrag wurde im Mai 1963 in Stockholm (grafiska institutet) gehalten. Teile davon in dieser Publikation zitiert.

007. Gugelot Hans, Zur Konstruktion und formalen Bearbeitung: Dia-Projektor »Carousel-S«: form 29, März 1965, 32–34 m. Abb.

008. Gugelot Hans, Hypothesen zur Berücksichtigung des Marktes bei der Produktgestaltung [Seminarvortrag an der HfG am 28. 10. 1959]; Was ist Design? [Referat während des World Design Congress, Tokio 1960]; Design als Zeichen [Vortrag am 13. 10. 1962 in Dortmund]; Wie kommt es zu einem Entwurf? (Vortrag am 7. 11. 1963 in Ulm).
Diese Referate sind in dieser Veröffentlichung abgedruckt.

Berichte, Erwähnungen

009. New furniture – Neue Möbel. Bd. 1. Stuttgart 1952, 36 m. Abb.
Sessel mit verstellbarem Sitz (Wohnbedarf, Zürich).

010. Silvia Kugler, Schrankwände etwas ganz Neues für unsere Wohnung: Nellys Kalender (Küßnacht) 7, Nr. 74 v. 1. 6. 1954.
Schrankprogramm »M 125« (Wohnbedarf, Zürich).

011. Schirmer Erwin, Endlich auch Radio- und Fernsehgeräte im Stil unserer Zeit: Architektur und Wohnform 64, 1955, H. 1, 43–46 m. Abb.
U. a. »G 11«, »G 12«, »TS-G«.

012. Neue Radio- und Fernsehgeräte: Bauen + Wohnen 12, 1955, 681–682 m. Abb.
Radio-Super »G 11«, Plattenspieler »G 12«, Radio-Super »TS-G«, Radio-Phono-Kombination »PK-G«.

013. Schmitt-Rost Hans, »Modern« heißt »bescheiden«: Werk u. Zeit 4, 1955, Nr. 9, S. 2 m. Abb.
Behandelt den Stand d. Fa. Braun auf der Deutschen Rundfunk-, Fernseh- und Phono-Ausst., Düsseldorf. Erwähnt u. a. Radio-Phono-Kombination von H. Gugelot.

014. idea 55. Internationales Jahrbuch für Formgebung. Stuttgart 1955, XVIII–XIX m. Abb.
Unterkonstruktion für Schaumgummimatratzen; Kinderspielmöbel (Grünzig); Hocker von H. Gugelot.

015. Super »G 11«: Deutsche Warenkunde. Stuttgart 1956, Bl. 3, 9/1 m. Abb.

016. Tischlaufwerk »G 12« (dreitouriger Plattenspieler): Deutsche Warenkunde. Stuttgart 1956, Bl. 4, 9/1 m. Abb.

017. Radio-Phono-Kombination »PK-G1«: Deutsche Warenkunde. Stuttgart 1956, Bl. 5, 9/1 m. Abb.

018. Braun-Geräte: Bauen + Wohnen 1956, (393)–(394) m. Abb.
Super »G 11«, Plattenspieler »G 12«.

019. Fernsehgerät »FS-G«: Deutsche Warenkunde. Stuttgart 1956, Bl. 6, 9/1 m. Abb.

020. Phonosuper »SK 4«: Werk u. Zeit 5, 1956, H. 12, 4 m. Abb.

021. Hochschule für Gestaltung, Ulm: Stile Industria Nr. 21, 1956, 5–20 m. Abb.
Enthält alle wichtigen Entwicklungen von H. Gugelot, die bis 1956 entstanden.

022. Grand Prix der XI. Triennale, Mailand 1957: Werk u. Zeit 6, 1957, Nr. 11, 1.
Braun für die gesamte ausgestellte Produktion.

023. Braun: Werk u. Zeit, Sonderbeil. 6, Nr. 11, 1957.
Darin u. a. Abhandlung von Robert d'Hooghe: »Wir rechnen mit Menschen, die nicht betrogen werden wollen.« Dieser Bericht enthält Kurzbiographie von H. Gugelot, m. Abb.

024. Plattenspieler »G 12«: Esthétique industrielle Nr. 28, 1957, 4 m. Abb.

025. Braun Betriebsspiegel. Frankfurt [1958] 16 S. m. Abb.
Enthält unter dem Motto: »Braun im Urteil der Öffentlichkeit« Pressestimmen zu dem Erfolg der Firma während der XI. Triennale, Mailand 1957, der Funkausstellung, Frankfurt 1957, und der Interbau, Berlin 1957.

026. New furniture – Neue Möbel. Bd. 4. Stuttgart 1958, 63 m. Abb. (Nr. 173–175).
Doppelbett 1955/56 (Wohnbedarf, Zürich).

027. Levis Leopold, [Gebrauchsgegenstände in »Modern Art«]: New York Staats-Ztg. und Herold v. 25. 12. 1958.

028. Phonogerät »Studio 1«: Esthétique industrielle Nr. 42/43, 1959, 18 m. Abb.

029. König Heinrich, Rundfunk, Phono- und TV-Geräte von Max Braun: md (moebel + decoration) 1959, H. 12, 619–622 m. Abb.
H. Gugelot erwähnt.

030. Neue Modelle der Möbelwerkstätten Wilhelm Bofinger, Stuttgart. Entwurf: Hans Gugelot ...: Architektur und Wohnform 67, 1959, 156–157 m. Abb.
Programm »M 125«; Sessel »WS 1074«; Tische 1033, 1032, 1031; Liegemöbel GB 1082, 1081.

031. Electrophones: Esthétique industrielle Nr. 40, 1959, 14 m. Abb.
Phonosuper »SK 5« u. »Studio 1«.

032. Das Produkt wird zu einem Prozeß. Ausstellung »Industrial design« – Hans Gugelot im Ulmer Museum eröffnet: Donau-Ztg. v. 4. 11. 1960.
Einführungsreferat: Inge Aicher-Scholl.

033. Biedrzynski Richard, Industrial design. Im Ulmer Museum: Eine Ausstellung von Hans Gugelot: Stuttgarter Ztg. v. 7. 11. 1960.

034. Menck Clara, B wie Brille, X wie Xylophon. Gugelot zeigt in Ulm »Industrial Design«: Frankfurter Allgem. Ztg. v. 11. 11. 1960.

035. So verkauft Braun: Bauen + Wohnen 15, 1960, H. 12, 446–451 m. Abb.
Gugelot-Entwürfe abgebildet.

035 a. Read Herbert, Kunst und Industrie, Stuttgart [o. J. ca. 1960].
Seite 118 Radio-Kombination »PK-G5«, Seite 130 »Studio 1«.

036. Vos Marianne, Musik auf neuen Instrumenten: Westfalenpost v. 3. 3. 1960 m. Abb.
Vorstellung des von H. Gugelot entwickelten »Sonor-Systems«, ein Musik-Baukasten der Firma Johannes Link KG, Aue/Westfalen. Instrument, das die Umwandlung eines Xylophons in ein Metallophon bzw. umgekehrt ermöglicht.

037. New furniture – Neue Möbel Bd. 5. Stuttgart 1960, 134 m. Abb.
Möbelprogramm »M 125«.

038. Mobili componibili, Prod. Wohnbedarf, Zurigo, dis. Hans Gugelot: Stile Industria Nr. 28, Aug. 1960, 41–42 m. Abb.
Schrankprogramm »M 125«.

039. Graber Rudolf, Gugelot Hans, »M 125« Schrankwände der Möbelwerkstätten Wilhelm Bofinger, Stuttgart-Feuerbach: Bauen + Wohnen, 15, 1960, H. 3, 110–113 m. Abb.

040. Blaser Werner, Ausstellungsraum der Intermöbel Köln: Bauen + Wohnen, 15, 1960, H. 12, 454–456 m. Abb.
Z. T. eingerichtet mit Programm »M 125«.

041. Hans Kronenberg (Ausst. der Bofinger Produktion): md (moebel + decoration) 1960, Jan., 72–73 m. Abb.
Doppelcouch, »M 125«.

042. Möbelprogramm »M 125«. In: Wohnen heute 3. Warenkatalog des Schweizerischen Werkbundes 1960, 79 m. Abb.

043. Hamburger U-Bahn: form Nr. 15, 1961, 2–11 m. Abb.
Davon S. 5–11 von Herbert Lindinger verfaßt unter dem Titel: Ein neuer U-Bahnwagen.

044. Eckstein Hans, Hans Gugelot – ein Ulmer Dozent: form Nr. 15, 1961, 19–27 m. Abb.
Abgebildet: Doppelliege, 1956; »TSG-Super«, 1954/55; Phonosuper »SK 5«, 1958; »Studio 1«; Präfabriziertes Wohnhaus für Artur Braun; Sonor-Musikinstrument; »M 125«; Nähmaschine Gritzner-Kayser.

044 a. Gradstich-Nähmaschine »Pfaff 80«: Deutsche Warenkunde. Stuttgart 1961, Bl. 3, 9/2 m. Abb.

045. [Pfeiffer-Belli Erich], M 125 und der subjektive Geschmack. Johannes Itten spricht über die Farbe im Innenraum: Süddeutsche Ztg. v. 21. 6. 1961.
Darstellung des Möbelprogramms »M 125« durch Wilhelm Bofinger, verbunden mit dem Referat von Itten.

046. Vetture per la metropolitana di Amburgo e di Milano: Stile Industria Sept. 1962, Nr. 39, 7–21 m. Abb.
Hamburger Hochbahn.

047. Wichmann Hans (Bearbeitung), Gerät in der Wohnung. München 1962. Die Wohnung Bd. 3.
Auf den Seiten 75 u. 78 Arbeiten von Hans Gugelot, bzw. an denen er mitwirkte, behandelt.

048. [Kat. Ausst.] Formgivning in Tyskland. Rat für Formgebung [Darmstadt 1962].
Wanderausstellung in Schweden vom Rat für Formgebung mit Unterstützung des Auswärtigen Amtes. Darin gezeigt und abgebildet u. a. Pfaff-Nähmaschine 91.

049. Ein neues Gugelot-Programm der Wilhelm-Bofinger-Produktion: Architektur und Wohnform 70, 1962, H. 3, 124–125 m. Abb.
Erweiterung des Möbelsystems »M 125«.

050. Moss Richard, Max Braun: Industrial Design (New York), H. 11, Nov. 1962, 37–47 m. Abb.
H. Gugelot erwähnt. Abgebildet u. a. »Studio 1«.

051. LGA-Zentrum Form [später mit dem Tit.] design center Stuttgart. Jahresauswahl [Kataloge d. Ausstellungen] Stuttgart 1962–1983.
Gugelot-Produkte wiederholt ausgestellt.

052. New furniture – Neue Möbel. Bd. 6. Stuttgart 1962, 134–135 m. Abb.
Möbelprogramm »M 125«.

053. Dickmann Helmut, Vom Vertiko zum Wandelement: Süddeutsche Ztg. (zeitgemäße form) v. 25. 6. 1963.
H. Gugelot mit Aussagen über »M 125« zitiert.

054. Elemente »M 125«: Esthétique industrielle Nr. 64, 1963, 18 m. Abb.

055. Wichmann Hans, Möbel. München 1963. 152 s. m. Abb. = Die Wohnung Bd. 4.
Auf S. 74 Möbel-Programm »M 125« abgebildet.

056. Wichmann Hans (Bearbeitung), Kinderzimmer, Kindermöbel, Spielzeug. München 1963. = Die Wohnung Bd. 5.
Auf S. 13 Kasten- u. Brettelemente. Hersteller: Albin Grünzig.

057. »Man muß sich was einfallen lassen.« Hans Gugelot hielt in der vh (Volkshochschule) das fünfte und letzte Referat der HfG-Reihe: Ulmer Tagblatt v. 9. 11. 1963.
Vortrag in Volkshochschule zum Thema »Wie kommt es zum Entwurf?« 7. 11. 1963.

058. Zur Wanderausstellung der Hochschule für Gestaltung Ulm: form Nr. 22, 1963, 44–47 m. Abb.
Arbeiten von H. Gugelot erwähnt.

059. Hochschule Ulm. Auf dem Kuhberg: Der Spiegel 17, Nr. 12 v. 20. 3. 1963, 71–75 m. Abb.
Die Arbeit H. Gugelots als besonders erfolgreich hervorgehoben. (S. 71).

060. Pfeiffer-Belli Erich, Ulmer Hochschul-Sorgen: Süddeutsche Zeitung v. 8./9. 6. 1963 (Feuilleton-Beilage)
H. Gugelot erwähnt.

061. Design-Arbeiten von Dozenten: Ulm. Zeitschr. d. Hochschule für Gestaltung 7, Jan. 1963, 11–17 m. Abb.
S. 13 Triebwagen der Hamburger Hochbahn AG in Serienproduktion.

062. Design-Arbeiten von Dozenten: Ulm. Zeitschr. d. Hochschule für Gestaltung 8/9, Sept. 1963, 16–27 m. Abb.
S. 27 Bürokopiergerät von Lumoprint.

063. Absolventen: Ulm. Zeitschr. d. Hochschule für Gestaltung 8/9, Sept. 1963, 55–61 m. Abb.
S. 57 u. a. Kat. für Fa. Bofinger »M 125« behandelt.

064. Wild Winfried, Die umgestaltete Hochschule für Gestaltung: Stuttgarter Nachrichten Nr. 110 v. 11. 5. 1963.
Die Arbeiten H. Gugelots werden als besonders konstruktiver Beitrag der HfG gewürdigt.

065. Fischer Cuno, Die Ulmer Hochschule für Gestaltung: md (moebel interior design) 1963, H. 8, 406–410 m. Abb.
Entwürfe H. Gugelots passim.

066. [Kat. Ausst.] Hochschule für Gestaltung Ulm. Die Neue Sammlung 11. 5.–17. 6. 1964. München 1964. 63 S. m. Abb.
Textliche Bearbeitung des Kataloges und Aufbau der Ausstellung wurde von der HfG durchgeführt. H. Gugelot passim.

067. [Kat. Ausst.] documenta III. Industrial Design, Graphik. 22. 8.–31. 10. 1964. Kassel 1964.
Auf den Seiten 6–7 Arbeiten von H. Gugelot behandelt.

068. In Ulm: Ulm. Zeitschr. der Hochschule für Gestaltung 10/11, Mai 1964, 74–82.
U. a. Hinweis auf den Vortrag von H. Gugelot: »Wie kommt es zum Entwurf?« gehalten im November 1963.

069. Hersteller und Verbraucher »design-bewußter«. Institut für Produktentwicklung und Design legt Geschäftsbericht vor: Ulmer Tagblatt v. 21. 12. 1964

070. Schütze Christian, Im schönen Heim die schöne Heizung: Stuttgarter Ztg. v. 10. 4. 1964.
Abgebildet und behandelt u. a. der von Gugelot entworfene Firmenstand der Fa. Weishaupt.

071. New furniture – Neue Möbel Bd. 9. Stuttgart 1969, Nr. 468, 469 m. Abb.
Schrankwand mit Falttüren, 1964.

072. Radialbohrmaschine: Esthétique industrielle Nr. 66, 1964, 51 m. Abb.

073. Kunststoffkoffer für Nähmaschine und Zubehör: Ulm. Zeitschr. der Hochschule für Gestaltung 10/11, Mai 1964, 47–48 m. Abb.
Entwurf: H. Gugelot, Herbert Lindinger.

074. Ergebnisse aus dem Unterricht. Redesign eines PKW-Armaturenbretts: Ulm. Zeitschr. der Hochschule für Gestaltung 10/11, Mai 1964, 30–32 m. Abb.
Dozent: H. Gugelot.

075. [Spielmöbel]: form Nr. 28, 1964, 30–31 m. Abb.
Produziert von Grünzig & Co., Eystrup/Weser.

076. Carousel-S: form Nr. 28, 1964, 52 m. Abb.

077. Klose Odo, Schränke als Komplexe: form Nr. 26, 1964, 28–37 m. Abb.
S. 28 u. 34 System »M 125« behandelt.

078. Dorfles Gillo, Gute Industrieform und ihre Ästhetik. München 1964.
Arbeiten von H. Gugelot oder solche, an denen er mitwirkte, unter Nr. 39 (Kopiergerät), 50 (Phono-Super SK 4), 168 (Rasierer »sixtant«) verzeichnet.

079. Eckstein Hans, Die Neue Sammlung. München [1964].
Unter Nr. 176, Phonosuper »SK 4« behandelt.

080. Möbel der Produktion von Wilhelm Bofinger: Architektur und Wohnform 72, 1964, H. 1, 46–47 m. Abb.
U. a. »M 125«.

081. Pfaender H. G., Büromaschinen und Geräte: Architektur und Wohnform 73, 1965, H. 2, 108–110 m. Abb.
U. a. auch Kopiergerät L 250 (Lumoprint).

082. Gute Form. An Exhibition of German Industrial Design. London 8.–30. 12. 1965. Darmstadt 1965.
Abgebildet und ausgestellt unter Nr. 53 Dia-Projektor »Carousel-S«; Bürokopiergerät »L 400« Lumoprint; Koffer-Nähmaschine »Pfaff 92«.

083. La Hochschule für Gestaltung à Ulm: Esthétique industrielle Nr. 74, 1965, 66–72 m. Abb.
H. Gugelot passim.

084. [Radialbohrmaschine]: form 30. Juni 1965, 50 m. Abb.
In Kooperation mit Konstrukteuren des Herstellers ergonomisch ausgerichtete Neukonstruktion, 1964.

085. Klöcker Johann, Suche nach der zeitgemäßen Uhr: Süddeutsche Ztg. (zeitgemäße form) v. 27. 10. 1965.
Enthält Hinweis auf H. Gugelot und die Eigenart seiner Arbeit.

086. Ergebnisse aus dem Unterricht: Ulm. Zeitschr. der Hochschule für Gestaltung H. 12/13, März 1965, 39–46 m. Abb.
Auf S. 48 Tragbares Sprechgerät (Dozent: H. Gugelot) behandelt.

087. Unterrichtsergebnisse: Ulm. Zeitschr. der Hochschule für Gestaltung H. 14–16, Dez. 1965, 54–57 m. Abb.
S. 65 Handbohrer (Dozent H. Gugelot) behandelt.

088. Bofinger-Schauräume in Stuttgart und Ilsfeld: md (moebel interior design) 1965, H. 6.
Ausstattung u. a. mit Möbelsystem »M 125«.

089. Ausbildung. Resonanz zu form 29. Was verlangt die Industrie vom Designer? form Nr. 30, Juni 1965, 10–13.
S. 10 H. Gugelot.

090. Hans Gugelot gestorben: Schwäbische Donau-Zeitung v. 11. 9. 1965.

091. Maldonado Tomás, Bahnbrecher des Design in unserer Industrie: Schwäbische Donau-Ztg. v. 13. 9. 1965.
Nachruf auf H. Gugelot.

092. Hans Gugelot gestorben: Frankfurter Allgem. Ztg. v. 22. 9. 1965.

093. Hans Gugelot [gestorben]: DM Deutsche Mark – Erste Ztschr. m. Warentest Nr. 39 v. 23. 9. 1965, 10.

094. Lindinger Herbert, Was wir Hans Gugelot verdanken: Süddeutsche Ztg. (zeitgemäße form) v. 29. 9. 1965. – Dass: Klöcker Johann (Hrsg.), zeitgemäße form 1967, 204, 205.

095. Maldonado Tomás, Hans Gugelot [gestorben]. Ulm. Zeitschr. der Hochschule für Gestaltung H. 14–16, Dez. 1965, 93–94.

096. Lindinger Herbert, Hans Gugelot (1. 4. 1920–10. 9. 1965): form Nr. 32, Dezember 1965, 2–3 m. Abb.
Nekrolog.

097. Hans Gugelot: Bauen + Wohnen 20, 1965, H. 12, XII., 21.
Nekrolog.

098. Eckstein Hans, Hans Gugelot zum Gedächtnis: Bauen + Wohnen 21, 1966, H. 1, I, 4–8.

099. Eckstein Hans, In memoriam Hans Gugelot: Werk u. Zeit 15, 1966, H. 1, 4 m. Abb.
Auszug aus einer Ansprache, die der Verfasser in einer Gedenkstunde für H. Gugelot gehalten hat.

100. Wichmann Hans, Produktform – Made in Germany Bd. 1 u. 2. München 1966 u. 1970.
Arbeiten von H. Gugelot bzw. Arbeiten, an denen er mitwirkte, m. Abb. auf den Seiten Bd. 1: 100, 106, 111, 134, 203, 220. Bd. 2: 73, 82, 84, 85, 91, 101, 134, 135, 159, 160, 197, 210, 216, 226.

101. Smithson Alison a. Peter, Concealment and Display. Meditations on Braun: Architectural Design 36, Juli 1966, 362/363 m. Abb.
U. a. H. Gugelot behandelt.

102. gugelot design gmbh. Ulm [1966]. Schuber mit 12 Doppelfaltblättern.
Enthält Entwicklungen der Jahre 1962 bis 1966.

103. [Kat. Ausst.] Aufgabe und Lösung. Gestaltung von Industrieprodukten. Die Neue Sammlung. München 1966.
Als Beispiel auch die Radialbohrmaschine der Fa. Girard (Design: gugelot gmbh) behandelt.

104. Braun-Feldweg Wilhelm, Industrial Design heute. Reinbek bei Hamburg 1966 = Rowohlts deutsche Enzyklopädie 254/55.
H. Gugelot auf den Seiten 40, 92, 100, 196 erwähnt.

105. [Kat. Ausst.] Design in der Bundesrepublik. Darmstadt 1967. [in poln. Sprache].
Arbeiten von H. Gugelot oder solche, an denen er mitwirkte, abgebildet u. behandelt. (Dia-Carousel, Pfaff-Nähmaschine, Schrankwand »M 125«, Girard-Radialbohrmaschine).

106. Klöcker Johann (Hrsg.), Zeitgemäße form. München 1967.
Arbeiten von Gugelot, oder an denen er mitwirkte, auf den Seiten 24, 205.

107. Varta-Leuchtenserie neu entwickelt. form Nr. 42, Juni 1968, 66/67 m. Abb.
Entwurf: gugelot design gmbh.

108. Dia-Show im Idealformat: form Nr. 41, März 1968, 67 m. Abb.
Linhof-Viewer.

109. Rechenbauer O. S., Der dritte Leistungsfaktor entscheidet den Wettbewerb: form Nr. 41, März 1968, 68–70 m. Abb.
Viessmann Kesselanlagen, Steuergeräte, Messestände der gugelot design gmbh.

110. Krokofant und Eledil. Das Fabelwesen »Gorky«. form Nr. 41, März 1968, 68 m. Abb.
Spieltiere der gugelot design gmbh. W. Neuner, Waldkraiburg.

111. ... Bofinger-Faltwandschrank ...: form Nr. 41, März 1968, 71 m. Abb.
gugelot design gmbh.

112. Neue Hama – Fotogeräte: form Nr. 41, März 1968, 72–74 m. Abb.
Dia-Sortierer, Dia-Betrachter, Blitzschiene, Film-Abstreifer der gugelot design gmbh.

113. [Kat. Ausst.] Amtsstuben und Kontore '68. Bonn 1968.
S. 41 Faltwandschrank (Bofinger).

114. Ein Domino für Dominit. Genormte Ladegeräte-Serie für Varta: form Nr. 42, Juni 1968, 65 m. Abb.
Entwurf: gugelot design gmbh.

115. [Kat. Ausst.] Seit langem bewährt. Die Neue Sammlung 23. 4.–16. 6. 1968. München 1968.
Abgebildet u. a. Phonosuper SK 5, Koffernähmaschine Pfaff 92, Kopiergerät »Lumoprint«, Elektrorasierer »sixtant«.

116. Wichmann Hans, [Kat. Ausst.] Beispiele. Möbel und Geräte der Wohnung unserer Zeit. München 1968.
Arbeiten von H. Gugelot bzw. Arbeiten, an denen er mitwirkte, unter Nr. 140, 140 a, 316, 327, 337.

117. Ein Design-Büro mit 32 Köpfen. Die gugelot design gmbh – wie sie arbeitet: form Nr. 42, Juni 1968, 21–25 m. Abb.

118. [Stapelstuhl und Liege] von Gugelot Design: form Nr. 45, März 1969, 58/59 m. Abb.
Kunststoffmöbel.

119. Möbel von heute – In eigener Gestaltung: Hamburger Wochenpost Nr. 9, 1969.
Über Möbelsystem »M 125« und H. Gugelot.

120. gugelot design gmbh. Neu-Ulm [1969] 12 Bll. m. Abb.
Werbe- u. Informationsbroschüre.

121. [Varta – Batterieleuchten]: form Nr. 46, Mai 1969, 58–60 m. Abb.
Entwurf: gugelot design gmbh.

122. Wichmann Hans, Gute Gebrauchsformen. Technisches Gerät der Wohnung. München 1969. = Inst. f. Film u. Bild. Dia-Serie R 974.
S. 6 Braun »sixtant«; S. 9 Pfaff-Nähmaschine; S 11 Dia-Projektor »Carousel-S«.

123. Das Walther-Zahlenprüfgerät kontrolliert die Datenerfassung: form Nr. 47, Sept. 1969, 64 m. Abb.
Entwurf: gugelot design gmbh.

124. Pfaff 1221, Pfaff 1222: form Nr. 47, Sept. 1969, 65–67 m. Abb.
Entwurf: gugelot design gmbh.

125. Walther »etr 10«, elektronische Rechenmaschine [u. Walther-Terminal der Bundesbahn]: form Nr. 47, Sept. 1969, 68–70 m. Abb.

126. Gugelot design gmbh, Neu-Ulm [1969] 6 Bll.
Informationsbroschüre. Enthält Kurzberichte über das Design-team, Geschichte, Entwurfsbüro, Modellbau, Formenbau, Partner, Kontakte usw.

127. [Kat. Ausst.] Design-Praxis am Beispiel Gugelot Design. Int. Designzentrum Berlin [1970], 12 S. m. Abb.

128. Kühne Günther, Fast ein Synonym für Design. Ausstellung der Gugelot-Gruppe in der Budapester Straße: Tagesspiegel (Berlin) v. 30. 10. 1970.
Ausst. im Int. Design-Zentrum, Berlin.

129. [Leporello] Gugelot Design. Ausst. im BMW-Pavillon München. 27. 6.–10. 10. 1970. 8 Bll. m. Abb.

130. Doblin Jay, One hundred great product designs. New York 1970.
H. Gugelot auf den Seiten 10 und 104 erwähnt.

131. Taschenlampe »Diskus«: form Nr. 49, März 1970, 48 m. Abb.

132. Spieltier »Gorky«: form Nr. 49, März 1970, 52 m. Abb.

133. Warum bei gugelot-design eine Entwurfsstunde DM 28,00 kostet: form Nr. 49, 1970, 68–69 m. Abb.

134. [Viessmann-Heizkessel und Steuergeräte]: form Nr. 49, 1970, 72–74 m. Abb.
Gestaltung der Produktlinie durch gugelot design gmbh.

135. Der Lumoprint-Elektrostat LE 4. Das einzige Bürokopiergerät der Welt mit zwei perfekten Kopiersystemen: form Nr. 49, 1970, 76 m. Abb.
Das Gerät wurde 1969 in »Salone Internationale Macchina Attrezzature Ufficio« ausgezeichnet.

136. [Ventilsystem]: form Nr. 50, 1970, 78 m. Abb.
Baureihe 5. 100. Hersteller Concordia Maschinen- und Elektrizitäts GmbH, Stuttgart.

137. 30.000mal stempeln – ohne Stempelkissen: form Nr. 50, 1970, 79 m. Abb.
Entwicklung der gugelot design gmbh für Mosthaf, Frankfurt.

138. (Addiermaschine für jede Aufgabe): form Nr. 54, 1971, 82–84 m. Abb.
Rechenmaschinen der Walther Büromaschinen GmbH, Niederstotzingen. Gestaltung gugelot design gmbh (Sprungwagenmaschine, Schüttelwagenmaschine, Schiebewagenmaschine, Mini-Rechner ETR 2 und ETR 3).

139. [Ringdosen, Pfeffermühle, »Serviset«]: form Nr. 52, 1970, 88 m. Abb.
Kunststoffgeräte entwickelt für Fa. Goseberg + Grashoff, 5893 Kierspe 1, Westfalen.

140. Maxi-Projektion im Mini-Format: form Nr. 52, 1970, 89 m. Abb.
Minox-Dia-Projektor »HP 24«. Gestaltung: gugelot design gmbh, 1969.

141. Gugelot formt für die Zukunft. Das Design-Unternehmen arbeitet für interessante Kunden/Gestaltung bis zur Null-Serie: Frankfurter Allgem. Ztg. v. 17. 9. 1971.

142. »Gute Form« 1971: md (moebel interior design) 12, 1971, 82–85 m. Abb.
S. 83 Spielmöbel-System, ausgezeichnet mit dem Bundespreis.

143. [Zentrifugen mit Polyurethan-Gehäuse]: form Nr. 58, 1972, 79 m. Abb.
Entwickelt von der gugelot design gmbh für Heraeus-Christ GmbH, Osterode.

144. [Trägersystem für Autobatterien]: form Nr. 58, 1972, 80 m. Abb.
Entwickelt für Varta GmbH, Kelkheim. Charakteristisch für dieses System sind dünnwandige Batterie-Zellgefäße und tragende Profile aus Integral-Schaumstoffen.

145. Der Lumoprint Sparkopierer LE 4/E. Ein elektrostatisches Kopiergerät mit Wechselkassetten: form Nr. 62, 1973, 81 m. Abb.
Hergestellt von Lumoprint Zindler KG, Hamburg.

146. Geschäumte Sicherheit: Gugelots Sicherheitsauto für BMW: form Nr. 60, 1972, 19–21 m. Abb.
Projektstudie der Firma Bayer, BMW und gugelot design gmbh. Fortführung einer Rundum-Kunststoff-Karosserie, die im Auftrage der Fa. Bayer von der gugelot design gmbh entwickelt worden war. Das Sicherheitsauto wurde zwischen 1964 und 1967 in Kunststoff/Hartschaum-Bauweise gefertigt, das Sicherheitsauto 1971/72 in Stahl/Hartschaum-Sandwich-Konstruktion.

147. 24-Stunden-Bereitschaft. Die universelle Zeitschaltuhr von Theben: form Nr. 61, 1973, 79.
Entwicklung der gugelot design gmbh für Theben-Werk, Haigerloch (Kunststoffgehäuse. Maße: 17 x 11 x 7 cm).

148. Die Varta-Flachleuchte. Taschenlampe für den Alltag: form Nr. 61, 1973, 80 m. Abb.
Kunststoffgehäuse. Entwickelt in Kooperative mit Varta. Ein- und Ausschaltung durch Drehung des Reflektorringes.

148 a. Selle Gert, Ideologie und Utopie des Design. Köln 1973.
Auf den Seiten 134 und 135 »Pfaff 80« und »Sixtant« abgebildet.

149. Negreanu G., Gugelot Design: Cree (Paris), Mai 1974.

150. Die »gugelot design« am Ende. Das größte private Design-Unternehmen mußte schließen: form 1974, Nr. 66, 38.

151. Stiegele Peter, Ein Pionier der gelungenen Industrieform. Der erfolgreiche Weg der Firma Braun: Format 1974, Nr. 50, 12–19 m. Abb.
Gugelot-Entwicklungen erwähnt.

152. [Kat. Ausst.] 5 Jahre Bundespreis »Gute Form«. Deutsches Museum. München 1974.
S. 37 Lumoprint Modell LE 4 (gugelot design gmbh, prämiert 1970);
S. 49 Spielmöbel-System (prämiert 1971);
S. 74 Faltschrankwand-System (prämiert 1973).

153. hfg ulm, ein Rückblick. Zürich 1975. 49 S. = Archithese H. 15.
H. Gugelot erwähnt.

154. Schmittel Wolfgang, design, concept, realisation. Zürich 1975. 227 S. m. Abb.
Im Kapitel »Braun Design« H. Gugelot erwähnt.

155. Banham Reyner, Household Godjets. In: Barker Paul (Hrsg.), The Arts in Society. Fontana 1977, 164–170 m. Abb.
H. Gugelot behandelt.

156. Aicher-Scholl Inge, HfG-Hocker: Südwest-Presse, Ulm v. 29. 4. 1977.
Leserbrief an die Kulturredaktion mit Feststellung, daß der Entwurf des HfG-Hockers von H. Gugelot stamme.

157. Kellner Petra u. Holger Poessnecker, Produktgestaltung an der HfG Ulm. Versuch einer Dokumentation und Einschätzung. Hanau 1978. = Beiträge zur Entwicklung und Praxis des Industrial Design 3.
H. Gugelot passim.

158. Mang Karl, Geschichte des modernen Möbels. Stuttgart 1978.
Auf S. 150 Möbelprogramm »M 125« (Abb. 337) behandelt.

159. Maenz Paul, die 50er Jahre. Stuttgart, 1978.
H. Gugelot auf den Seiten: 174, 195, 200, 209 m. Abb. Nr. 83 und 133 erwähnt.

160. Selle Gert, Die Geschichte des Design in Deutschland von 1870 bis heute. Köln 1978. DuMont Dokumente.
H. Gugelot erwähnt.

161. Mukai Shurato, Braun's Design-Konzept und der dahinter lagernde Sinn. Tokio 1978 [in jap. Sprache].
H. Gugelot passim.

162. Bayley Stephen, In Good Shape. Style in industrial Products 1900 to 1960. London 1979.
H. Gugelot (fahrbares für Telefunken konzipiertes Fernsehgerät in Gemeinsamkeit mit Helmut Müller-Kühn entwickelt) S. 201 und Vita S. 223. (Fernsehgerät fälschlicherweise auf 1959 datiert.)

163. Burkhardt François u. Inez Franksen, Design: Dieter Rams. Berlin 1980.
H. Gugelot passim.

164. Zur »form« Gegenwartskunde: form Nr. 90, 1980, 98–107 m. Abb.
Berichte von Erwin Braun, Dieter Mundas, Traugott Malzan u. a. über die Geschichte der Braun AG und die Erwin Braun Stiftung. Darin H. Gugelot passim behandelt.

165. Les Années 50. Paris 1982.
H. Gugelot auf S. 179 erwähnt.

166. Moderne Klassiker. Möbel, die Geschichte machen. Hamburg 1982.
S. 149. Biographie und Schranksystem »M 125«.

167. Hiesinger Kathryn B., Design Since 1945. London 1983.
Zugleich Katalog der gleichnamigen Ausstellung im Philadelphia Museum of Art. Von H. Gugelot S. 92 »SK 4«, S. 126 »M 125«; Vita S. 213.

168. Emery Marc, Furniture by Architects. 500 International Masterpieces of Twentieth-Century Design. New York 1983.
H. Gugelot auf den Seiten 102, 125, Abb. 203, 204 behandelt. Möbelprogramm »M 125«.

169. [Kat. Ausst.] Urbanes Design. Konzepte und Realisationen der Designergruppe Lindinger und Partner, Hannover. Design Center. Stuttgart 1983.
Auf den Seiten 20, 21 die U-Bahn in Hamburg behandelt.

Nachträge

170. [Kat. Ausst.] Ulm. Hochschule für Gestaltung 1963. Katalog einer Wanderausstellung. Ulm 1963.
U. a. folgende Arbeiten vermerkt: »G 11«, »SK 4«, »Studio 1«, Radio-Tonband-System, Schiebebett, »M 125«, Musik-System, Kopiergerät, Hamburger U-Bahn, »Pfaff 80«, Nähmaschine (Gritzner-Kayser).

171. [Kat. Ausst.] biennial of industrial design. Ljubljana 1966.
Unter Nr. 164 »sixtant«, unter Nr. 184 Kopiergerät behandelt.

172. [Kat. Ausst.] Braun – das Gesicht einer Firma. Focke Museum. Bremen 1966.
Phonosuper »SK« und Rasierer »sixtant« abgebildet.

173. Il contributo della scuola di Ulm. Mailand 1979, 114 S. m. Abb. = Rassegna 19.
H. Gugelot erwähnt. Unter den »Selbstporträts von 20 Protagonisten...« jedoch nicht behandelt.

174. Fuchs Heinz u. François Burckhardt, Produkt, Form, Geschichte. 150 Jahre deutsches Design. Berlin 1985, 334 S. u. Abb.
H. Gugelot und einige Arbeiten auf den Seiten 77, 285, 287, behandelt.

175. Wichmann Hans, System Möbel. Ein Novum unseres Jahrhunderts. In: [Kat. Ausst.] Möbeldesign. Design del mobile. Stuttgart 1985, 146–163.
H. Gugelot auf Seite 158 erwähnt.

176. Wichmann Hans, Industrial Design. Unikate. Serienerzeugnisse. Die Neue Sammlung. Ein neuer Museumstyp des 20. Jahrhunderts. München 1985, 523 S. m. Abb.
H. Gugelot bzw. Arbeiten auf den Seiten: 204, 255, 258, 259, 260, 268, 269, 279, 280, 290, 293, 440, 448, 449, 485, 498 behandelt.

177. Selle Gert, Design-Geschichte in Deutschland. Köln 1987, 350 S. m. Abb.
Erwähnung H. Gugelots oder Arbeiten auf den Seiten 163, 167, 264, 272, Farbtaf. 14

178. Lindinger Herbert (Hrsg.), [Kat. Ausst.], Hochschule für Gestaltung Ulm – Die Moral der Gegenstände. Bauhaus Archiv. Berlin 1987, 288 S. m. Abb.
H. Gugelot passim.